Warum wir sterben

Alejandro Lipschütz

Alpha Editions

This edition published in 2022

ISBN : 9789356709645

Design and Setting By
Alpha Editions
www.alphaedis.com
Email - info@alphaedis.com

Contents

Vorwort

Ich habe das Problem des Todes in den Zusammenhängen, wie ich es in diesen Blättern bringe, zum ersten Mal vor etwa zwei Jahren in dem Feuilleton einer Tageszeitung behandelt. Eine ähnliche wissenschaftliche Behandlung hat das Todesproblem in ausgezeichneter Weise durch Doflein erfahren. Meine Darstellung knüpft an das an, was unsere großen Meister des biologisch-medizinischen Denkens, wie Nothnagel, Ribbert und Verworn, an Bausteinen und an allgemeinen Gesichtspunkten für eine Erörterung des Todesproblems zusammengetragen haben, und ich habe versucht, diese Gesichtspunkte zellularphysiologisch weiter auszugestalten durch Berücksichtigung der zahlreichen zellularpathologischen Arbeiten des russischen Forschers Mühlmann. Das Tatsachenmaterial, über das diese beiden Forscher berichtet haben, ist für eine wissenschaftliche Behandlung des Todesproblems von einschneidender Bedeutung, wenn auch Mühlmann in seinen kritischen Studien über den Tod zu Schlüssen gelangt ist, die ich keinesfalls unterschreiben will. Ich habe in meine Erörterung auch den Begriff der „Unvollkommenheit des Stoffwechsels" eingeführt, den Jickeli für die Behandlung biologischer Fragen – wenn auch in anderen Zusammenhängen und in nicht ganz glücklicher Weise – als erster zu verwerten bemüht war. Den ganzen Komplex der wichtigen Partialprobleme des Todes, die Friedenthal und Rubner in ihren Arbeiten behandelt haben, habe ich unberücksichtigt lassen müssen, da sonst meine Darstellung zu sehr angewachsen wäre. Wer eingehender über das Problem des Todes orientiert sein will, sei auf meine „Allgemeine Physiologie des Todes" verwiesen, die im Verlag von Vieweg u. Sohn erscheinen wird. In diesem Buch wird der Leser auch all die Originalarbeiten genannt finden, die meinen Ausführungen über den Tod zugrundeliegen. –

Noch einige Worte über die Sprache, in der ich meine Darstellung geschrieben habe. Ich habe mich nicht bemüht, meine Umgangssprache, in der ich mich sonst über biologische Dinge auszusprechen pflege, in die spanischen Stiefel der modernen Schreibsprache hineinzuzwängen. Ich habe vielmehr so geschrieben, wie ich spreche. Es ist mir nicht klar, warum die Schriftsprache anders sein soll als die mündliche Sprache, gewissermaßen ein „Sonntagsdeutsch". Das Schriftdeutsch ist heute wahrhaftig genau so ein Sonntagsdeutsch wie unsere Festkleidung ein pompöser Sonntagsstaat ist. Wie im Sonntagsstaat so fühle ich mich auch beengt im Sonntagsdeutsch. Und ich will darum nicht anders schreiben als in meinem Werktagsdeutsch. Man kann seine Feste feiern auch ohne die spanischen Stiefel des guten Tones. –

Den Herren, die mich bei der Ausführung dieser Arbeit unterstützt haben, sei es durch Übersendung von Separatabdrücken, sei es durch Literaturhinweise und Überlassung von Büchern, sage ich auch an dieser Stelle meinen herzlichsten Dank. Zu besonderem Danke bin ich der Bibliothek des Zoologischen Instituts unserer Universität verpflichtet. Ebenso Herrn Dr. M. Mühlmann für die freundliche Überlassung einiger Originalzeichnungen. Ich möchte schließlich nicht versäumen, auch Herrn Dr. J. Strohl, Privatdozent der Zoologie in Zürich, meinen besten Dank für manchen erteilten Ratschlag auszusprechen.

Zürich, im Mai 1914.

Alex. Lipschütz.

1. Gevatter Tod und Bazillen.

Erzählen will ich zunächst von Gevatter Tod und Bazillen.

Es hat mancher heute eine eigene Krankheit, die Bazillenfurcht heißt. Es nagt in ihm nicht der Tuberkelbazillus in der Lunge oder in den Knochen, nicht Eitererreger sind in seinem Blut. Wer von Bazillenfurcht befallen ist, krankt an Bazillen, die nicht in seinem Körper, sondern außer ihm sind. Man hat so viel von Bazillen gehört, so einseitig gehört, nur gehört und nicht durchdacht, daß man sie stets und überall – und soweit ja mit gutem Recht – wittert und in heller Angst herumläuft, sie, die allgegenwärtigen und bösen, die unsichtbar sind wie Beelzebub und Astharote, spielten einem den Streich. Man krankt an der Furcht vor Bazillen.

Und der Hohepriester derer, die an Bazillenfurcht kranken, ist Herr Professor Metschnikoff in Paris, ein wirklich Großer in der modernen Naturwissenschaft ... Da müssen wir schon eine Pause machen, um Metschnikoff bei seinem Morgenfrühstück zuzuschauen, über das ihn einmal ein Zeitungsmann ausgefragt hat.

Unsereiner nimmt ahnungslos Messer, Gabel und Löffel in die Hand, so wie sie auf dem Tische daliegen. Ohne zu wissen, daß uns dabei direkte Lebensgefahr droht – von wegen der allgegenwärtigen Bazillen natürlich. Metschnikoff ist da viel vorsichtiger. Und offenherzig genug, um zuzugeben, daß er Messer, Gabel und Löffel vor dem Gebrauch an einer Flamme ausbrennt, um alle Keime abzutöten. Unsereiner beißt ahnungslos in seine Stulle und in seinen Weck, oder wie das Brötchen sonst heißen mag, ohne zu wissen, daß auf der goldbraunen Kruste des Brötchens gefährliche Mikroben sitzen. Metschnikoff aber röstet zunächst das Brot, um den Bazillen den Garaus zu machen: denn er kennt ihre Schliche und Wege und geht ihnen nicht in die Falle. Unsereiner ißt Erdbeeren, ungebrüht und vielleicht sogar ungewaschen. Metschnikoff versagt sich den Genuß von Erdbeeren ganz – immer von wegen der Bazillen. Aber eine Banane will schließlich auch ein Metschnikoff essen. „Hier sehen Sie," hat Metschnikoff so ungefähr dem Zeitungsmann gesagt, „ein paar Bananen, die ich mir gekauft habe, um sie nach Hause mitzunehmen. Weil diese Frucht mit einer dicken Schale bedeckt ist, glauben viele, daß die Bananen keine Bazillen haben. Weit gefehlt! Es sind doch welche drin, und in meinem Hause werden darum die Bananen immer erst gebrüht, bevor sie gegessen werden. Ich tauche sie etwa eine Minute lang in kochendes Wasser, und die Frucht verliert dabei nichts von ihrem Wohlgeschmack ..."

Ist ja alles so weit sehr schön: aber die Zeit, die einer da zu seinem Morgenfrühstück braucht! Die kann sich wahrhaftig doch nicht jedermann leisten.

Aber was tut nicht einer, der dem **Tode** entrinnen will!

Denn mit dem Tod und den Bazillen ist es nach Metschnikoff folgendermaßen bestellt.

Wir sind alle von Bazillen bevölkert, von Millionen und Abermillionen Bazillen, die in unserem Darme wohnen. Namentlich in dem unteren Teile des Darmrohres, im Dickdarm, sind die Bakterien[1] wohl zu Hause. Wie ungeheuer viele es sein mögen: wenn man bedenkt, daß wir insgesamt an die sieben Meter Darm, und davon etwa anderthalb Meter Dickdarm herumtragen (Abb. 1)! Wollten wir die Bakterien zählen, die bloß in einem allerkleinsten Krümelchen unseres Darminhaltes drin sind, wir kämen schon in die Millionen hinein. Über hunderttausend Milliarden Bazillen – also eine Million mal Million und dann noch mal hundert – werden es nach allerlei Berechnungen wohl schon sein, die wir in unserm Darm insgesamt beherbergen. Ein ganzes Drittel von dem, was wir aus dem Darm an einem Tage entleeren, sind lauter Bazillen!

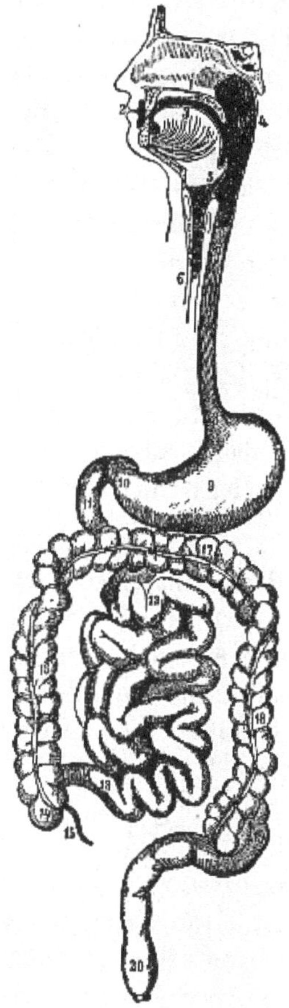

Abb. 1. Schema des Verdauungsrohres. 1 Gaumen, 2 Mundspalte, 3 Zunge, 4 Schlund, 5 Kehldeckel, 6 Luftröhre, 7 Speiseröhre, 8 Mageneingang, 9 Magen, 10 Magenausgang, 11 Zwölffingerdarm, mit dem der Dünndarm beginnt, 12 Dünndarmschlingen, 13 Übergang des Dünndarms in den Blinddarm, 14 Blinddarm, mit dem der Dickdarm beginnt, 15 Wurmfortsatz, 16, 17, 18 Dickdarm, 19, 20 Enddarm. Nach Rauber.

Und Metschnikoff hat sich gesagt, daß es diese Bazillenbevölkerung ist, die uns ein frühes Grab gräbt. Die Bakterien scheiden, wie alle andere lebendige Substanz, Stoffwechselprodukte aus, Schlacken des Lebens, wenn man will. Diese Stoffwechselprodukte gelangen aus dem Darm ins Blut. Zum Teil werden diese Stoffe, die in größeren Mengen zweifellos Gifte für die Zellen unseres Körpers sind, von manchen arbeitsfreudigen Zellen des Zellenstaates, z. B. von den Zellen der Leber, abgefangen, zu ungiftigen Stoffen verarbeitet und durch die Nieren nach außen abgeschieden. Die Leber hat eine Schutzaufgabe in unserem Körper, Polizeifunktion, wenn man so will. Das sind Tatsachen, die jedermann kennt. Metschnikoff nun ist der Meinung, daß es mit dem Unschädlichmachen der Gifte, die von den Darmbakterien ins Blut gelangen, doch nicht so auf das allerbeste bestellt ist, wie man glauben möchte. Denn man muß bedenken, daß die Stoffe, die von den Bakterien des Dickdarms abgegeben werden, tatsächlich sehr starke Gifte sind. Sie gehören in die Gruppe des Karbols hinein, das jedermann als todbringendes Gift kennt. Man kann diese Gifte in den Ausscheidungen des Darms sowohl als der Nieren – hier in verändertem Zustande – finden. Und da erscheint es auf den ersten Blick gar nicht so ohne, daß – wie Metschnikoff es will – die giftigen Stoffwechselprodukte der Darmbakterien daran schuld sind, daß wir früh alt werden und früh sterben.

Nun, einen direkten Beweis in diesen Dingen führen, das kann man natürlich nicht. Denn man müßte ja dann seinen Versuch so einrichten, daß man zusähe, wie lange einer lebte, der keine Bakterien im Darm hätte. Wir Menschen und ebenso alle Tiere haben aber stets ihr Bakterienvolk im Darm. Und dann: ein bißchen langwierig wäre es schließlich doch, so zuzusehen, wie lange einer lebte, ob 100, 200 oder gar noch mehr Jahre. Unserer hastenden Zeit ginge dieses lange Zusehen nicht nach Geschmack … Metschnikoff blieb also nichts anderes übrig, als einen Umweg in seiner Beweisführung zu gehen. Er hat sich gesagt, daß, wenn seine Theorie richtig ist, dann diejenigen Tiere, die mehr Bakterien im Leibe haben, weniger lang leben müßten als jene, die nicht so viel Bakterien in ihrem Körper beherbergen, d. h. die einen kürzeren Dickdarm haben. Wer unter den Tieren einen kurzen Dickdarm hat, der muß nach Metschnikoff länger leben.

Metschnikoff hat nun die Lebensdauer der Tiere mit ihrer Darmlänge verglichen, und es hat sich dabei tatsächlich herausgestellt, daß diejenigen Arten, die durch einen kurzen Dickdarm ausgezeichnet sind, wie z. B. viele Vögel, eine sehr lange Lebensdauer haben, während z. B. die Säugetiere, die einen viel längeren Dickdarm haben, viel früher sterben. So weist Metschnikoff auf die Tatsache hin, daß z. B. Schwäne, Gänse, Raben und manche Raubvögel über 50 Jahre, Papageien und Kakadus sogar über 80 Jahre leben können. Dagegen sterben Hunde, Katzen, Pferde und andere Säugetiere stets in einem viel jüngeren Alter: ihre Lebensdauer beträgt in der Regel nicht mehr als 15 Jahre, und ein Alter von 30 Jahren gehört bei ihnen zu den seltensten Ausnahmen. Um ein sehr augenfälliges Beispiel zu wählen: der Kanarienvogel hat eine Lebensdauer von etwa 20 Jahren, die etwa gleich große Maus lebt höchstens 6 Jahre. Mit der Länge des Dickdarms nimmt nun selbstverständlich die Menge der giftspendenden Bakterien zu, die das Tier in sich beherbergt. Und da war für Metschnikoff der Schluß gegeben, daß es eben die Gifte der Darmbakterien sind, die die kürzere Lebensdauer der Tiere verschulden.

Nachdem Metschnikoff sich die Sache so zurecht gelegt hatte, daß die Bakterien am frühen Altern und Sterben von Tier und Mensch schuld seien, hat er sich gesagt, daß es doch heute eigentlich ein großes Unglück mit dem Altern und mit dem Sterben sei. Das Altern von heute sei wie eine Krankheit: unser Körper wird ganz allmählich von den Darmbakterien vergiftet. Und wenn das Sterben und das Altern eine Krankheit ist, dann ist es ja die schlimmste Krankheit, die es gibt. Die Tuberkelbazillen und die Bazillen, die andere Krankheiten machen, töten die Menschen, die das Unglück hatten, sich mit diesen Krankheitserregern anzustecken. Die Darmbakterien aber hat jedermann in sich, alle Menschen sind mit ihnen behaftet, und die Menschen, die den Krankheiten sonst entronnen sind, gehen an der Vergiftung durch Darmbakterien zugrunde: sie werden früh alt und müssen früh sterben.

Das ist in Metschnikoffs Theorie des Pudels Kern: Wenn das Altern heute so etwas wie eine Bakterienkrankheit ist, dann ist klar, daß man dieses Altern und Sterben mit denselben Mitteln bekämpfen muß, wie jede andere Krankheit auch. Und es bot sich da für Metschnikoff das allbekannte Beispiel mit dem Alkohol. Wir wissen, daß das Alkoholgift unsern Körper schädigt, wenn er Tag für Tag genossen wird, daß auf dem Alkoholgenuß eine ganze Reihe von Krankheiten beruhen, an denen die Menschen nach langem Siechtum zugrunde gehen. Wir bekämpfen dieses Siechtum, indem wir das Gift, den Alkohol, zu meiden suchen. Also: auch das Gift des frühzeitigen Alters, die Gifte der Darmbakterien, müssen von unserem Körper ferngehalten werden, damit die Menschen länger leben und eines natürlichen Todes sterben könnten. Das war für Metschnikoff ein ganzes Programm: den Bakterien beikommen, die in unserem Dickdarm nisten.

Aber wie? Das war die große Frage.

Metschnikoff hatte da zunächst einen ganz radikalen Einfall. Es ist nämlich eine Tatsache, daß wir in unserem sieben Meter langen Darm ein Organ haben, das für uns Menschen gut anders eingerichtet sein könnte, als es in Wirklichkeit ist. Der Darm ist viel, viel länger als wir ihn wirklich brauchen. Der Dickdarm ist für uns sogar völlig nutzlos. Man kann einem Menschen den größten Teil des Dickdarms herausschneiden, ohne seine Gesundheit zu beeinträchtigen. Man hat bei manchen Patienten solche Operationen schon vornehmen müssen. Die Patienten, die an schweren

Darmkrankheiten litten, und diese Operation durchmachen mußten, wurden vollständig gesund. Für den Pflanzenfresser ist der Dickdarm wohl von Nutzen, denn der Pflanzenfresser braucht einen langen Darm: seine Nahrung ist schwer verdaulich und muß längere Zeit im Darm verweilen, und bei der Verdauung der Nahrung helfen hier sogar die Darmbakterien mit. Aber für uns Menschen ist der Dickdarm nicht nur nutzlos, sondern direkt schädlich. Denn ein Teil des Dickdarms, der Wurmfortsatz des Blinddarms, neigt beim Menschen sehr zu Erkrankungen, und jedermann weiß, wie gefährlich die Blinddarmentzündung ist, wenn man sie vernachlässigt, und daß schon manch blühendes Menschenleben an einer vernachlässigten Blinddarmentzündung zugrunde gegangen ist. Und was nicht alles noch an andern Krankheiten häufig genug den Dickdarm befällt!

Aber noch mehr! Nicht nur der Dickdarm ist zu lang oder gar nutzlos für uns: auch der Dünndarm ist zu lang geraten. Die Ärzte sind schon häufig genug in die Lage gekommen, einem Patienten kleinere oder größere Stücke aus dem Dünndarm herauszuschneiden, und auch solchen Patienten geht es nach der Operation gut. Vor einigen Jahren hat der Amerikaner Underhill gezeigt, daß man Hunden einen sehr beträchtlichen Teil des Dünndarms entfernen kann, ohne die Tiere in ihrer Gesundheit zu beeinträchtigen. So schnitt Underhill seinen Hunden zunächst 2/5 ihres Dünndarms heraus. Die Hunde blieben am Leben, verdauten wie immer ihre Nahrung und nahmen unverdrossen an Gewicht zu. Erst wenn 2/3 des Darms den Versuchstieren weggenommen waren, ging es den Tieren schlecht: mit dem letzten Drittel ihres Dünndarmes konnten sie wohl doch nicht mehr so viel verdauen, als nötig war, und sie nahmen jetzt an Gewicht ab. Nun braucht ja das, was Underhill für den vorwiegend fleischfressenden Hund nachgewiesen hat, nicht gerade in genau demselben Maße für den Menschen zu gelten, da wir ja neben Fleisch auch pflanzliche Nahrung zu uns nehmen, deren Verdauung schwieriger ist und einen längeren Darm verlangt. Aber wahrscheinlich ist es doch, daß wir einen zu langen Darm haben und ein gut Teil davon zu unserem Nutz und Frommen wohl einbüßen könnten.

Also war der radikale Einfall von Metschnikoff der, daß man den Menschen den Dickdarm herausschneiden solle, um ihnen damit ein langes Leben zu schenken.

Aber der Gedanke war doch zu radikal, um zu Ende gedacht zu werden. Auch seinen eigenen Dickdarm, geschweige denn einen Teil seines Dünndarms, hat Metschnikoff nicht für seine Idee als Opfer auf den Altar der Menschheit legen wollen. Er hat diesen radikalen Weg zur Lebensverlängerung für eine ferne Zukunft vorbehalten und ist für heute einen Kompromiß eingegangen.

Wer's ihm da angetan hatte? Sehr einfach: zunächst bloß ein Topf saurer Milch. Oder nein, es sind eigentlich wiederum Bazillen, die da im Spiele waren. Aber dieses Mal Bazillen, die wohltätig sind: die Bakterien der sauren Milch, die nach Metschnikoff mit gar artigen Eigenschaften ausgezeichnet sind. Die Sache verhält sich hier folgendermaßen. Das Sauerwerden der Milch beruht darauf, daß die sog. Milchsäurebakterien, die sich schon innerhalb 24 Stunden in der Milch zu ganz gewaltigen Mengen vermehren, den Milchzucker vergären. Aus dem Milchzucker entsteht dabei eine Säure, die man Milchsäure nennt. Die macht die Milch sauer und macht sie dick, denn in der angesäuerten Milch ballt sich das Kasein, der Eiweißstoff der Milch zusammen, das Eiweiß der Milch gerinnt dabei genau so, wie das Hühnereiweiß beim Kochen gerinnt. Worauf es Metschnikoff aber ankam, das ist der Umstand, daß die Säure ein Mittel ist gegen Bakterienfäulnis. Die Bakterien, die eine Fäulnis von abgestorbener lebendiger Substanz hervorrufen, können ihre Wirkung nicht tun, wenn es rings um sie sauer ist. So verhindert z. B. der saure Magensaft, der sich auf die genossenen Speisen im Magen ergießt, die Fäulnis der Speisen. Hier im sauren Magensaft können die fäulniserregenden Bakterien nicht gut aufkommen und sie können hier ihre Geschäfte nicht betreiben. Erst im Darm, wo die Verdauungssäfte nicht mehr sauer, sondern alkalisch sind, d. h. wo die Bakterien in einer stark verdünnten Lauge schwimmen, da beginnt die Fäulnis der Nahrung oder der Nahrungsreste. Das ist namentlich im Dickdarm der Fall, und von hier gelangen all die schädlichen Stoffe der Fäulnis in den Kreislauf des Blutes, in den Zellenstaat hinein. Gut, hat sich Metschnikoff gesagt, machen wir den Bakterien im Darm das Leben sauer! Trinken wir saure Milch! Wir bevölkern dann unsern Magen und unsern Darm mit Milchsäurebakterien und ekeln einfach die Fäulnisbakterien heraus!

Das war Metschnikoffs Losung im Kampfe gegen Gevatter Tod: nicht mit Lanze und Speer zog er aus in den Kampf, sondern mit einem Troß von Bazillen gegen Bazillen.

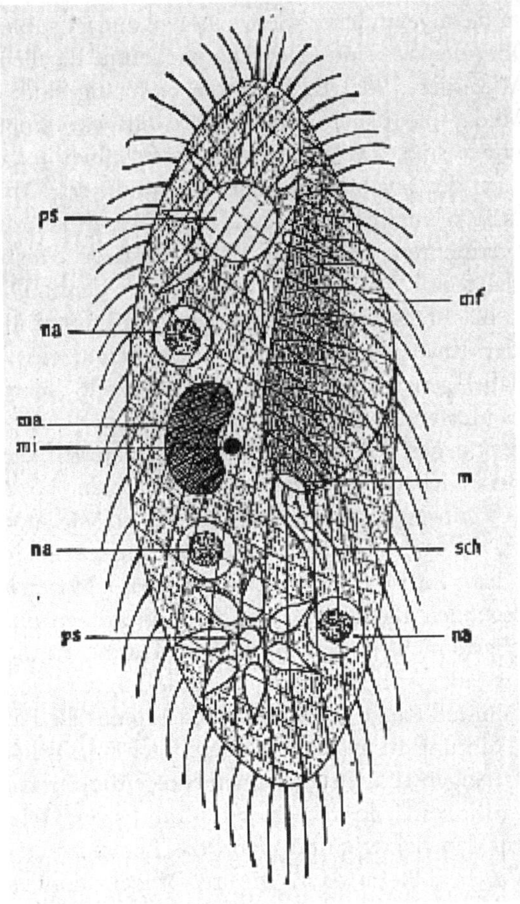

Abb. 2. Pantoffeltierchen. Sehr stark vergrößert. *mf* Mundfeld, *m* Mund, *sch* Schlund, *na* Nahrungsballen, *ps* pulsierendes Bläschen (Vakuole) *ma* Großkern, *mi* Kleinkern. Rings um den Protoplasmaleib herum sieht man die Wimperhärchen, mit denen die Zelle im Wasser schlägt und sich fortbewegt. Aus Stridde.

Wer an Bazillenfurcht krankt, schüttelt ungläubig den Kopf. Mit Unrecht. Denn soweit es sich um die gesundheitsschädliche Wirkung starker Fäulnisvorgänge im Darm handelt und um die Möglichkeit, diese Fäulnis durch eine Milchdiät zu bekämpfen, hatte sich Metschnikoff ja an Tatsachen gehalten. Hier kann man Meister Metschnikoff nichts anhaben, hier hat er recht. Die Frage ist aber die, ob die Darmbakterien, die die Fäulnisstoffe im Dickdarm produzieren, wirklich die bösen Geister sind, die uns ins frühe Grab bringen. Doch Metschnikoff hat sich mit dieser Frage nicht weiter abgeben wollen und er ist von nun an nur einem Ziele nachgegangen: den Kampf von Bazillen gegen Bazillen im Darm möglichst zuungunsten derjenigen Bakterien zu gestalten, die seiner Meinung nach uns das frühe Grab graben. *Corriger la fortune!*

Was da Metschnikoff nicht alles ersonnen und versucht hat, denkt sich unsereiner gar nicht aus. Zu den Bulgaren war er in die Lehre gegangen und er hat ihnen ihre saure Milch, den Yoghurt, abgeguckt. Ja, die Bulgaren waren ein fetter Braten für Metschnikoffs Theorie von der Bedeutung der sauren Milch im Kampfe gegen Gevatter Tod. In keinem andern Lande gibt es nämlich so viel alte Leute wie in Bulgarien. Da laufen die Menschen von über hundert Jahren zu tausenden herum. Aha, hat sich Metschnikoff gesagt, das ist alles von wegen der sauren Milch, von wegen des Yoghurts, den die Bulgaren trinken. Das wäre nun ein Elixier, noch viel wirksamer als die gewöhnliche dicke Milch. Also trinket, ihr Kinder des Todes, dicke Milch oder Yoghurt und ihr werdet alt werden wie Methusalem! Euern langen Darm braucht ihr nicht herzugeben, das sei euern Urenkeln überlassen. Vielleicht werdet ihr sogar noch Augenzeugen davon sein …

Wer wird nun aber immer wieder und wieder dicke Milch trinken wollen! Mancher tuts wohl sein Leben lang, aber nach jedermanns Geschmack ist das doch nicht. Nun, habt ihr nach dicker Milch kein Begehr, euch ist trotzdem geholfen. Denn Metschnikoff kommt euch dann mit einem Eßlöffel voll Bakterien der sauren Milch, die ihr in konzentrierter Form essen könnt, genau so, wie wenn einer Hefe äße. Die Hefe ist nichts anderes als ein Ballen von vielen Millionen kleiner Lebewesen, der Hefezellen. Und wenn man Hefe zu den Speisen, z. B. zum Brot fügt, warum nicht auch „Laktobazillin", die Bakterien der sauren Milch, die ihr sogar in Pastillenform in der Apotheke kaufen könnt. Für billiges Geld habt ihr euch langes Leben erkauft, tragt euer Glück in der Tasche. Und all das von wegen der Bakterien, die ihr im Kampfe gegen die bösen, todbringenden Bakteriengeister in euerm Dickdarm wohl gebrauchen könnt.

Metschnikoff ist bei den Bakterien der sauren Milch und des Joghurts nicht stehen geblieben. Wie ein großer Feldherr mit seinen Soldaten gegen die feindlichen Heerscharen, so rückt Metschnikoff immer aufs neue mit allerlei treuen Bakterien gegen die verräterischen Dickdarmbakterien vor. Er sammelt seine Scharen, verfügt, disloziert … Er hat Bakterienarten ausfindig gemacht, die noch viel wirksamer sind im Kampfe gegen die Bakterien des Dickdarms als die Bakterien der sauren Milch und des Joghurts. Und es ist gar nicht abzusehen, wie weit Metschnikoff es im Verein mit seinen getreuen Bakterien noch bringen wird: denn im Zeichen der Bakterien leben wir heute …

2. Der Tod und die Wissenschaft.

Kein Arzt bezweifelt, daß die Stoffe der Darmfäulnis, die in den Blutkreislauf gelangen, der Gesundheit schädlich sind. Zweifellos können manche krankhafte Zustände, manche Erkrankungen der inneren Organe und wohl namentlich die leichteren Störungen des Nervensystems auf einer Überschwemmung unseres Zellenstaates mit den Stoffwechselprodukten der Darmbakterien beruhen. Wer kennt nicht den Kopfschmerz, der sich mit Sicherheit dann einstellt, wenn einmal der Dickdarm nicht recht arbeiten will? Und es ist heute sicher, daß der Genuß von dicker Milch ein Mittel ist, seinen Körper gesund zu erhalten, weil eben, wie wir im vorigen Kapitel erfahren haben, die Bakterien der sauren Milch und die Milchsäure uns eine Waffe sind im Kampfe gegen die Darmbakterien.

Nun hat sich natürlich in der kurzen Spanne Zeit, seit der die Welt von der dicken Milch als von einem eigentlichen Lebensverlängerungsmittel etwas weiß, nicht feststellen lassen, ob Metschnikoff die saure Milch in ihrer Bedeutung als eines Lebenselixiers nicht doch zu hoch eingeschätzt hat. Es ist wohl möglich, daß die dicke Milch uns schließlich doch nicht das Alter von weiland Methusalem garantiert.

Aber nehmen wir an, die dicke Milch wäre wirklich ein Lebensverlängerungsmittel *Ia*, wie es Metschnikoff will, und die Darmbakterien wären die bösen Geister, die uns ins frühe Grab bringen. Wäre damit für die Wissenschaft das Problem des Todes gelöst?

Mit nichten! Auch Metschnikoff selber will ja mit Hilfe seiner dicken Milch das Altern und den Tod der Menschen nur hinausschieben. Und wenn die dicke Milch auch wirklich das Lebensverlängerungsmittel wäre, das Metschnikoff in ihr sieht, wir könnten dann dieses Lebensverlängerungsmittel doch nicht anders werten als tausend andere auch.

Schaut um euch, wie ihr lebt! In engen Häusern zusammengepfercht, die aussehen wie Zwingburgen. Zwingburgen der frischen Luft sind eure Wohnstätten. Ihr baut Bollwerke gegen Luft, Sonne und Licht. Ihr vergiftet euch mit Alkohol, schwächt euern Leib durch Arbeit über alles Maß, mißachtet verbriefte Rechte der Frucht im Leibe und des Nachwuchses, der nach Lebensbejahung lechzt. Und kommen Städtebauer zu euch, die Gartenstädte planieren und die Stätte der Arbeit als einen geweihten Tempel erstehen lassen wollen, kommen Apostel zu euch, die euch die Rechte eurer Kinder predigen, was habt ihr dann für all das übrig? …

Doch gut. Es wird eine Zeit kommen, wo ihr Augen haben werdet für den Städtebauer und Ohren für den Apostel. Und stellt euch vor: auch Metschnikoffs Wort – das von der sauren Milch – war auf fruchtbaren Boden gefallen. Oder gar die ferne Zukunft ist schon gekommen, wo ihr dickdarmlos lustwandelt in Sonne und Licht in den Gefilden des Menschenglücks, und wo euch die Arbeit geworden ist ein kurzweilig Spiel. Nicht siebzig Jahre mehr, nein hundertundzwanzig und schließlich gar das Alter von Methusalem verzeichnet jetzt die Reichsstatistik als das Durchschnittsalter der Menschen.

Und trotz alledem: es wäre auch dann noch so gut wie heute das Problem des Todes für die Wissenschaft da. Auch dickdarmlos in den sonnigen Gefilden des Glücks würden wir nicht ewig leben: wir würden doch altern und sterben. Man trüge schließlich doch eine sterbliche Hülle, eine Leiche zu Grabe. Aus Altersschwäche, wie man zu sagen pflegt, würden wir sterben.

Es hat sehr, sehr lange gedauert, bis die Menschen dahin gekommen sind, sich die Frage nach einem Tod aus Altersschwäche zu stellen. Machen wir einen Spaziergang zu den Indianern in Zentralbrasilien, zu den Bakairi, und erzählen wir ihnen, daß jedermann sterben müsse. Die Bakairi lachen uns gründlich aus. Genau so würde es uns ergehen, wenn wir zu den viel höher stehenden Melanesiern und Polynesiern damit kommen wollten, daß jedermann sterben müsse. Die Erfahrung des „Wilden" reicht nicht so weit, wie die des Kulturmenschen. Er weiß nur von den Dingen, die sich innerhalb der kleinen Horde abgespielt haben, der er angehört, womöglich auch nur von den Begebenheiten, deren Augenzeuge er und seine wenigen Zeitgenossen waren. Und er selbst hat durchaus nicht alle Leute seiner Horde, durchaus nicht jedermann sterben gesehen. Nur den einen oder den andern aus seiner eigenen Horde oder aus den kleinen Horden, mit denen er in Berührung gekommen ist, hat er sterben gesehen. Auch kann er sich keine Rechenschaft darüber abgeben, wie viele Leute gestorben sind, denn er kann nur bis 10, selten bis 20 zählen. In seinem Erfahrungskreis ist also der Tod eine seltene Erscheinung, durchaus nicht etwas, was alltäglich vorkommt. Zudem ereilt der Tod einen sehr selten auf dem Lager in der Horde, die meisten Genossen sterben im Kampfe mit dem Feind oder erliegen Verletzungen, die sie sich auf der Jagd oder auf einem längeren Marsch zugezogen haben. Für den primitiven Menschen ist aber auch die Krankheit, die einen befällt, ein böser Geist, der teuflischerweise von einem Besitz ergriffen hat. Und so wird auch der Tod des Greises, der schon an und für sich eine ungewöhnliche Erscheinung im Leben der wilden Horde ist, im Sinne des Geisterglaubens der Wilden folgerichtig als ein böser Streich eines feindseligen Geistes gedeutet.

Auch in unserem Denken über den Tod spukt noch der Geisterglaube, wenn wir vermeinen, mit Hilfe irgendeines Elixiers Gevatter Tod von uns ganz abzuhalten. Die Wissenschaft aber, frei von allem Geisterglauben, kennt heute das Problem des Todes aus Altersschwäche, das Problem des Alters und des Todes, der unerbittlich kommt. Trotz saurer Milch und aller herrlichen Dinge der Welt, trotz Licht und Sonne und Glück. Das ist ein viel weiter greifendes Problem in der Biologie, in der Lehre vom Leben, als jener Tod, den wir mit dicker Milch und tausend andern Mitteln glauben bekämpfen zu können.

3. Leben und Tod.

Eine Leiche wird zu Grabe getragen. Die reglose Leiche ist uns das Abbild des Todes. Und wenn wir die große Frage aufwerfen, ob alle lebendige Substanz einmal aus Altersschwäche sterben muß, so stellen wir damit die Frage, ob alle lebendigen Zellen, in welcher Form wir sie auch vor uns hätten – als einzelliges Lebewesen oder als pflanzlichen oder tierischen Zellenstaat –, im normalen Kreislauf ihres Lebens zu einer Leiche werden.

Doch vorerst: was ist eine Leiche? Lebendige Substanz, Zellsubstanz, die aufgehört hat zu leben.

Aber was ist „Leben"? Wir können vom Sterben, von der Entstehung der Leiche nicht sprechen, bevor wir uns nicht darüber klar geworden sind, was Leben ist.

Wir sind heutzutage über die Zeit hinaus, wo man auf die Frage, was Leben ist, damit zu antworten pflegte, daß man die Meinungen von so und so viel Gelehrten darüber aufzählte, Meinungen, die in der Regel einander widersprachen. Wir wissen heute, daß Leben nichts anderes ist, als eine Summe sehr verwickelter chemischer Vorgänge, die sich im Rahmen einer Zelle abspielen. Im Mittelpunkt dieser Vorgänge stehen die Eiweißstoffe, so benannt, weil der Chemiker sie dem Weiß des Hühnereies sehr ähnlich gefunden hat. Alles Leben besteht nun darin, daß die Eiweißstoffe der Zellen bestimmte chemische Veränderungen erfahren, verbrennen. Aber die Zelle geht dabei nicht zugrunde: denn in das kleine chemische Laboratorium der Zelle werden immer wieder Stoffe von außen aufgenommen, die zu lebendiger Zellsubstanz verarbeitet werden. So findet ein ständiger Stoffwechsel in der Zelle statt: Stoffe, die zur lebendigen Substanz der Zelle gehören, werden verbrannt, und die Verbrennungsprodukte, die Stoffwechselprodukte der Zelle werden aus dieser ausgeschieden; und neue Stoffe werden von außen aufgenommen, um als Ersatz für den verbrannten Anteil der lebendigen Zellsubstanz zu dienen. Alles Leben beruht auf diesem Stoffwechsel der lebendigen Substanz, und alle Lehre vom Leben ist nichts anderes als die Lehre vom Stoffwechsel der Zellen. Das Leben erforschen, heißt, den Stoffwechsel erkennen, der sich in der Zelle abspielt. Auf den chemischen Vorgängen, die man als Stoffwechsel der lebendigen Substanz zusammenfaßt, beruhen alle Erscheinungen, die man Leben nennt: Bewegung, Ernährung, Fortpflanzung, Empfindung und Denken. Mit Bezug darauf, wie aus dem Stoffwechsel der lebendigen Substanz die Lebensäußerungen folgen, stehen die Dinge viel einfacher, als mancher glaubt. Folgendes Beispiel soll uns da aushelfen. In der Dampfmaschine verbrennen Stoffe, die wir auch sonst, wo's uns gerade paßt, verbrennen können. Aber in der

Dampfmaschine geht die Verbrennung dieser Stoffe so vor sich, daß die brennenden Stoffe bestimmte Arbeit leisten. Mit dem Brennen der Stoffe in der Dampfmaschine ist die Arbeit dieser gegeben, sie ist da, es steckt hinter der Arbeit der Dampfmaschine nichts anderes dahinter als das Brennen von Stoffen in ihr. Ebenso steckt hinter den Lebensäußerungen der lebendigen Substanz, und mögen diese Lebensäußerungen noch so kompliziert und auf den ersten Blick ganz unerklärlich sein, nichts anderes dahinter als ein Stoffverbrauch und Stoffersatz, nichts anderes als der Stoffwechsel der Zellen. Mit diesem Stoffwechsel sind alle Lebensäußerungen schon gegeben, man kann sie mit demselben Recht als Stoffwechselvorgänge und als Lebensäußerungen ansprechen: die stofflichen Vorgänge, die sich z. B. im Muskel abspielen, sind Bewegung des Muskels, die Stoffwechselvorgänge, die sich in den Zellen unseres Gehirnes abspielen, sind Denken.

Wenn alles Leben nichts anderes ist, als der Stoffwechsel der lebendigen Substanz, so bedeutet der Tod der Zelle, das Erlöschen des Lebens in ihr, daß der Stoffwechsel der Zelle aufgehört hat. Und eine Leiche ist eine Zelle, die nicht mehr den Stoffwechsel hat, den wir Leben nennen.

Aber damit ist doch noch nicht alles über die Leiche gesagt. Und da wollen wir von einem Versuch erzählen, der uns einen Einblick gewährt in noch andere Dinge, die man über Tod und Leiche wissen muß.

Wir holen uns aus einem Aquarium einige Pantoffeltierchen, die mikroskopisch kleine einzellige Lebewesen sind (Abb. 2, S. 13), heraus, indem wir einen Tropfen Wasser aus dem Aquarium schöpfen. Den Tropfen mit den Pantoffeltierchen bringen wir auf ein Glasplättchen in einer geeigneten Vorrichtung unter das Mikroskop. Dann richten wir es so ein, daß Alkohol an unserem Tropfen vorbeistreicht (Abb. 3). Die Pantoffeltierchen, die bisher in lebhafter Bewegung begriffen und pfeilschnell im Tropfen hin und her geschwirrt waren, sehen wir schon nach wenigen Minuten ihre Bewegungen einstellen. Und bald liegen sie regungslos an Ort und Stelle. Sie sind gelähmt. Aber nicht tot: denn lassen wir wieder frische Luft an den Pantoffeltierchen vorbeistreichen, so haben sie sich bald erholt und sind so munter wie je zuvor.

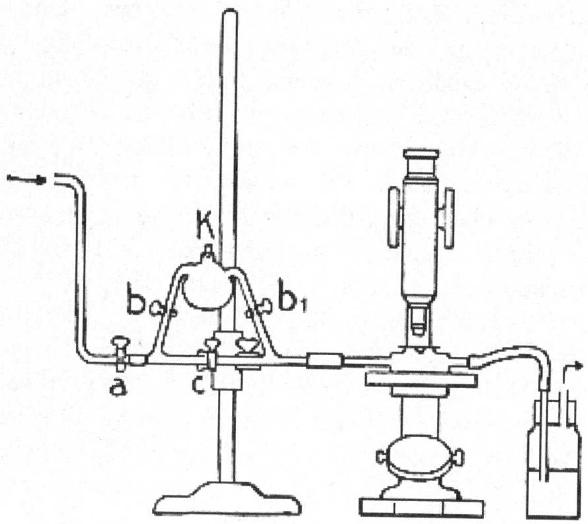

Abb. 3. Versuchsanordnung zum Studium der Einzelligen. Unter dem Mikroskop die Glaskammer, die oben durch ein dünnes Deckglas abgeschlossen ist. Am Deckglas ein hängender Tropfen, in welchem sich die zu untersuchenden Zellen befinden. Nach links ist die Glaskammer mit einer Einrichtung verbunden, die es gestattet, verschiedene Gase durch die Glaskammer zu pressen: das gewünschte Gas, z. B. Luft, Sauerstoff oder Stickstoff, tritt aus einem Glasbehälter in der Richtung des links angebrachten Pfeiles in die Glaskammer ein und tritt in der Richtung des auf der rechten Seite der Abbildung angebrachten Pfeiles durch eine Wasserflasche wieder aus. Zwischen dem Gasbehälter und der Glaskammer mit den zu untersuchenden Tieren ist eine Vorrichtung aus Glas eingeschaltet, die es ermöglicht, nach Belieben Alkoholdämpfe dem Gas beizumischen. Öffnet man den Hahn *a*, so kann das Gas aus dem Gasbehälter in die Glaskammer unter dem Mikroskop strömen: und zwar durch *c* oder durch *b*, *K* und b_1. Schließen wir die Hähne *b* und b_1 ab, so gelangt das Gas (z. B. Luft oder Sauerstoff) durch *c* in die Glaskammer unter dem Mikroskop. Schließen wir aber *c*, so muß das Gas durch *b*, *K* und b_1 strömen. In *K*, das ein kleines Glaskölbchen ist, können wir nach Öffnung des oben im Kölbchen steckenden Gummistopfens, einen kleinen Wattebausch hineinbringen, den wir vorher mit Alkohol getränkt haben: es werden sich also jetzt dem durch die Glaskammer unter dem Mikroskop strömenden Gase Alkoholdämpfe beimischen. Wollen wir nach einiger Zeit unseren Versuchstieren wieder frisches Gas zuführen, so brauchen wir nur *b* und b_1 zu schließen und *c* zu öffnen. Nach Ishikawa und Verworn. Schematisiert.

Wir hatten die Tiere mit Alkohol vergiftet. Und es ist uns selbstverständlich, daß die Vergiftung unserer Pantoffeltierchen nur darin bestehen konnte, daß ihr Stoffwechsel gestört, geschädigt war. Der äußere Ausdruck dieser Schädigung des Stoffwechsels ist die Lähmung der Zelle. Da aber diese Lähmung, wie wir gesehen haben, rückgängig gemacht werden konnte, so müssen wir voraussetzen, daß der Stoffwechsel der Zellen bei der Alkoholvergiftung wohl beeinträchtigt, wohl geschädigt war, daß er aber nicht ganz aufgehört hatte. Und tatsächlich wissen wir aus Versuchen, die Heaton, ein junger Engländer, in Verworns Laboratorium vor einigen Jahren ausgeführt hat, daß bei der Alkoholvergiftung der Stoffwechsel der lebendigen Substanz, auch wenn sie gelähmt ist, keinesfalls ganz stillsteht: der Stoffwechsel ist nur verändert, aus seinen normalen Bahnen gelenkt. Das ist es, was die Narkose, von der wir hier erzählt haben, vom Tode unterscheidet: daß in dem ersten Falle der Schaden wieder gut gemacht werden kann, im zweiten Falle aber nicht.

Mit dieser Betrachtung gewinnen wir die Möglichkeit, uns schärfer das herauszuarbeiten, was eine Leiche ist: eine Zelle ist zu einer Leiche geworden, wenn ihr Stoffwechsel unwiderruflich stillgestanden, „irreparabel erloschen" ist, wie Verworn sich ausgedrückt hat … Dann ist die Uhr des Lebens abgelaufen …

Abb. 4. Orbitolites. Einzelliges Lebewesen, das im roten Meer lebt. Aus der mit Poren versehenen Kalkschale, die die Zelle umgibt, sieht man die Scheinfüßchen herausragen. Schwach vergrößert. Nach Verworn.

Es scheint nun auf den ersten Blick sehr leicht zu entscheiden, ob z. B. ein Pantoffeltierchen, das wir unter dem Mikroskop vor uns haben, lebendig ist oder tot, zu entscheiden, ob die Zelle eine Leiche ist. In Wahrheit ist das gar nicht so leicht. Gewiß, wenn wir eben erst mit der Zufuhr von Alkohol zum Wassertropfen begonnen haben, und unsere Pantoffeltierchen eben erst in den Zustand der Narkose verfallen sind, so wissen wir aus Erfahrung, daß unsere Zellen sich wieder erholen und alle normalen Lebensäußerungen aufweisen werden, sobald wir den Alkohol durch frische Luft aus dem Wassertropfen verdrängt haben werden. Aber wenn wir den Versuch zu lange ausdehnen, wenn die Pantoffeltierchen zu lange unter der Einwirkung des Alkohols gewesen sind, so gelingt es trotz Zufuhr von frischer Luft nicht mehr, sie aus dem Zustande der Lähmung zu erwecken. Sie sind tot, sie sind zu Leichen geworden. Und hier entsteht die Frage, in welch einem Moment die Zelle gestorben ist, wann sie aufgehört hatte zu leben und zu einer Leiche geworden ist. Mit andern Worten – die Frage, wo die Grenze liegt zwischen Leben und Tod.

Wollten wir diese Frage beantworten, wir würden in arge Verlegenheit geraten. Aus dem einfachen Grunde, weil, wie die Erfahrung uns lehrt, es eine scharfe Grenze zwischen Leben und Tod nicht gibt.

Auch hier wieder tun wir gut, den kniffligen Fragen mit einem Versuch an freilebenden Zellen nachzugehen. Und da hören wir am besten Verworn zu, der all diese Dinge an verschiedenen Einzelligen genau verfolgt hat. Wenn wir von einem einzelligen Lebewesen, z. B. einem Pantoffeltierchen oder einer Amöbe, durch eine geeignete Operation ein Stück abtrennen, so daß das abgeschnittene Teilstück der Zelle nichts vom Kern mitbekommt, so wird der zurückbleibende kernhaltige Teil der Zelle unverdrossen weiter leben. Ganz anders der kernlose Teil: er geht innerhalb kürzerer oder längerer Zeit unfehlbar zugrunde. Aber das geschieht ganz allmählich – und über die Geschichte des Todes, des allmählichen Sterbens eines kernlosen Teilstückes einer Zelle wollen wir uns von Verworn an einem Einzeller, Orbitolites genannt, der an der Sinaiküste im Roten Meer lebt und bis nahezu ein Zentimeter groß werden kann, berichten lassen. Aus den Poren ihrer Kalkschale streckt die Orbitolites-Zelle kernlose Protoplasmafäden, Scheinfüßchen heraus (Abb. 4), mit deren Hilfe die Zelle sich bewegt und Nahrung fängt. Schneidet man nun solche kernlose Protoplasmafäden von einem Orbitolites ab, so ballen sie sich zunächst etwa zu einer Kugel zusammen (Abb. 5). Später streckt die Protoplasmakugel selber Scheinfüßchen aus (Abb. 6), als ob die Protoplasmakugel ein ganzer Orbitolites wäre, und mit den Scheinfüßchen wird sogar Nahrung gefangen. Aber unser neugebackener Orbitolites *en miniature* kann die Nahrung nicht verdauen. Es fehlt ihm eben das, was mit zu dem regelrechten Stoffwechsel einer Zelle gehört – der Kern. So kommt es, daß die Protoplasmakugel wohl noch stundenlang sich bewegen kann, sich dabei aber doch unaufhaltsam dem Tode nähert. Die Scheinfüßchen, die die Protoplasmakugel ausstreckt, werden klumpig (Abb. 7) und zerfallen (Abb. 8). Schließlich ist unsere ganze Protoplasmakugel zu einem lockeren Haufen kleinster unbeweglicher Klümpchen und Körnchen zerfallen. Sie ist tot … In eigener poetischer Weise hat Verworn dieses allmähliche Sterben der lebendigen Substanz an einem abgetrennten kernlosen Stück des Pantoffeltierchens beschrieben: „Das kernlose Teilstück verhält sich … zunächst vollkommen normal. Die Wimpern sind in derselben Weise tätig wie bei diesem Körperteil, wenn er noch im intakten Zusammenhange mit dem übrigen Zellkörper ist. Allmählich wird der Wimperschlag langsamer und einzelne Wimpern beginnen unregelmäßig zu schlagen. Es treten bei ihnen Pausen ein zwischen den einzelnen Schlägen … Dann beginnt das Protoplasma an einer Stelle zu zerfallen … und löst sich in eine schleimig-körnige Masse auf. Dieser körnige Zerfall schreitet weiter und weiter vorwärts, befällt eine Wimper nach der andern und bringt sie für immer zum Stillstand. So kann man in diesen interessanten Fällen unter dem Mikroskop direkt sehen, wie der Tod über die Zelle hinkriecht. Teilchen nach Teilchen ergreifend und mitten aus einer rastlosen Bewegung heraus zur ewigen Ruhe zwingend. Der Prozeß kann sich über Tage erstrecken, aber in andern Fällen verläuft er akut und eilt in wenigen Stunden über die Zelle dahin, wie der Funke über die Zündschnur, nur zerfallende Massen hinter sich lassend …“

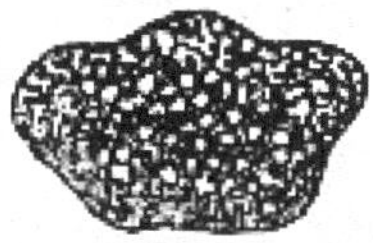

Abb. 5. Die abgeschnittene Protoplasmamasse hat sich zusammengeballt. (Stark vergrößert.)

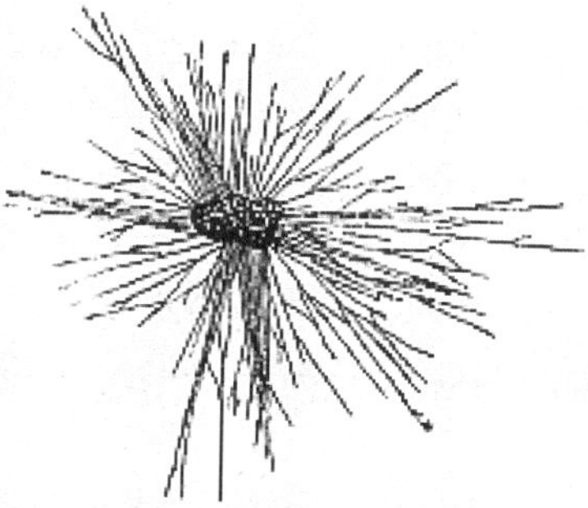

Abb. 6. Die abgeschnittene Protoplasmamasse streckt Scheinfüßchen aus.

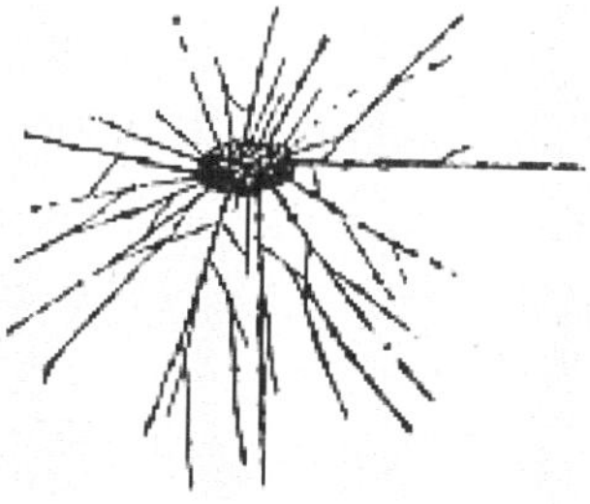

Abb. 7. Die ausgestreckten Scheinfüßchen werden klumpig.

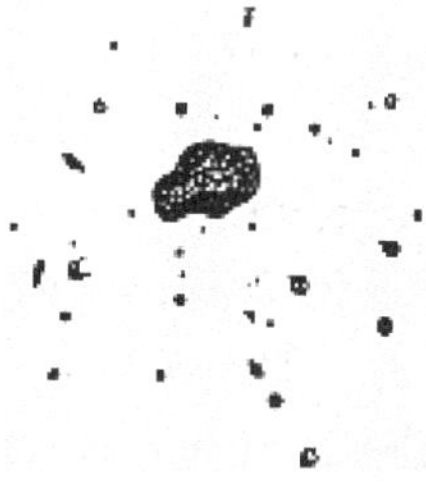

Abb. 8. Die ausgestreckten Scheinfüßchen sind zerfallen. Abb. 5, 6, 7 und 8 nach Verworn.

Was aber für uns in all diesen Versuchen wichtig ist: daß hier vor unsern Augen der Tod sich ganz allmählich aus dem Leben entwickelt. Nicht mit einem Schlage ist hier die Leiche entstanden, sondern sie ist hier geworden im Verlauf einer langen Kette von Veränderungen, die sich in der lebendigen Substanz der Zelle, im Stoffwechsel der Zelle abgespielt haben, weil der Stoffwechsel durch den künstlichen Eingriff (die Lostrennung des Protoplasmas vom Kern) gestört, in andere Bahnen gelenkt worden war. Wir sehen, daß eine scharfe Grenze zwischen Leben und Tod nicht vorhanden ist: „der Tod entwickelt sich aus dem Leben" (Verworn).

4. Tod und Unsterblichkeit.

Nun wissen wir, was eine Leiche ist: eine Zelle, deren Stoffwechsel irreparabel gestört und schließlich unwiderruflich erloschen ist.

Aber wir haben bisher nur die Leichen von Zellen gesehen, die wir getötet hatten. Stirbt die Zelle auch eines natürlichen Todes? Wir haben uns ja noch gar nicht darüber Rechenschaft abgegeben, ob es bei den Zellen einen natürlichen Tod gibt, einen Tod, der zum Leben der Zelle gehört.

Wenn wir diese Frage beantworten wollen, müssen wir den Lebensweg einer Zelle verfolgen, den Lebensweg eines freilebenden einzelligen Lebewesens.

Die einzelligen Lebewesen pflanzen sich durch Teilung fort. Eine Amöbe z. B., ein Protoplasmaklümpchen mit einem Kern darin, hat sich schlecht und recht durchs Leben gefressen, ist ausgewachsen und teilt sich nun einfach in zwei Teile auf. Man hat den Vorgang der Teilung bei der Amöbe und den vielen andern einzelligen Lebewesen sehr genau studiert, aber all das Viele, was man dabei gefunden hat, interessiert uns an dieser Stelle nicht. Wir wollen hier nur die Tatsache festhalten, daß im Lebenslauf des einzelligen Lebewesens einmal die große Stunde kommt, wo in der Zelle, nachdem sie herangewachsen ist, der Kern allerlei Veränderungen zeigt, die schließlich darauf hinausgehen, daß der Kern sich in zwei Teile teilt und gleichzeitig der ganze Protoplasmaleib der Zelle sich in die Länge zu strecken beginnt. Dann bekommt die Zelle eine Einschnürung in der Mitte, gleichsam als ob der Protoplasmaleib mit einer Schlinge zusammengeschnürt würde. Jederseits von der Einschnürung sehen wir eine der beiden Kernhälften liegen – und da hat jedermann schon den Eindruck, daß da zwei Amöben aus der einen entstanden sind. Nur noch durch eine schmale Verbindungsbrücke hängen sie miteinander zusammen. Schließlich reißt die schmale Brücke ein und zwei kleine Amöben gehen jede ihren eigenen Weg (Abb. 9). Alles in allem hat der Vorgang der Teilung wenige Minuten oder auch Stunden und sogar Tage gedauert – das ist bei den verschiedenen Einzelligen nicht gleich. Aus der „Mutterzelle“ sind zwei „Tochterzellen“ entstanden – zwei jüngere Amöben, die ganz der Mutter gleichen, nur kleiner sind als diese. Dann wachsen die Tochterzellen heran und jede von ihnen teilt sich wiederum in zwei Teile, in zwei Tochteramöben. Und das geht so fort – ins Unendliche ...

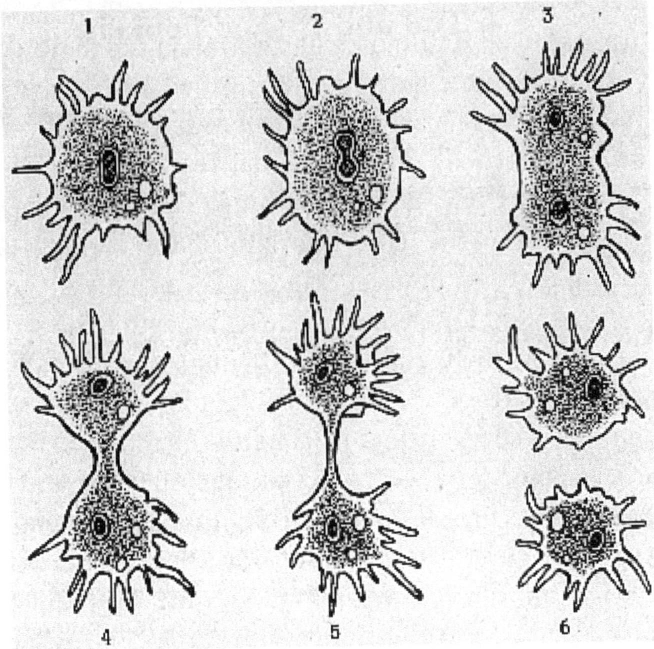

Abb. 9. Amöbe in Teilung. Im Protoplasmaleib der Amöbe sieht man den dunkleren Kern und das pulsierende Bläschen (Vakuole). Man sieht die Scheinfüßchen der Amöbe. 1, 2, 3, 4, 5 und 6 verschiedene Stadien der Teilung. Erklärung siehe im Text. Nach F. E. Schultze.

Wirklich ins Unendliche? Wir werden bald sehen, wie wichtig diese Frage für uns ist.

Es ist zunächst nicht abzusehen, was schließlich der Teilung bei den Einzelligen einen Riegel vorschieben sollte. Warum sollte plötzlich, nachdem die Zelle sich fortlaufend vielmals geteilt, ein Moment eintreten, wo sie sich nicht mehr teilen könnte? Aber doch schien es auf Grund verschiedener Beobachtungen lange Zeit, daß die Teilungsfähigkeit der Einzelligen nicht unbegrenzt sei, daß nach einer bestimmten Anzahl von Teilungen die Teilungsfähigkeit der Einzelligen sich erschöpfte. Man hatte gefunden, daß nach einer bestimmten Anzahl von Generationen die Einzelligen aufhörten, sich zu teilen und zugrunde gingen, starben. Wir wollen von allen diesen Dingen später sprechen, wenn wir der ganzen Lebensgeschichte eines Pantoffeltierchens zuhören werden. Hier interessiert uns aus dieser Geschichte nur das eine oder das andere, was wir uns von einem fleißigen Amerikaner erzählen lassen wollen, der in den letzten Jahren den kleinen Pantoffeltierchen eine ganze Menge von ihrem Leben und Weben abgeguckt hat.

Woodruff, der besagte Amerikaner, hat nämlich mit aller Sicherheit festgestellt, daß die Teilungsfähigkeit der Einzelligen wirklich unbegrenzt ist. Woodruff fing sich aus einem Aquarium ein wildes Pantoffeltierchen heraus. Das Pantoffeltierchen hielt er in einigen Tropfen Wasser, das er zuvor mit Heu und Gras ausgekocht hatte. Das Pantoffeltierchen ist ja ein „Aufgußtierchen", ein Infusor, das sich in einem Heuaufguß zu Hause fühlt, weil es in ihm all das an Nahrungsmitteln findet, was ihm sonst die freie Natur in Sumpf und Tümpel zu bieten weiß. Die paar Tropfen Wasser kamen in ein „Aquarium", das nichts anderes war als eine Aushöhlung in einer Glasplatte und einige Tropfen Wasser zu fassen vermochte. Woodruff war um das Wohlergehen seines Pantoffeltierchens äußerst besorgt, und er ließ es nicht in den paar Tropfen Aufgußwasser versauern. Nachdem nämlich das wilde Pantoffeltierchen sich geteilt hatte (Abb. 10) – das geschieht bei einem Pantoffeltierchen ungefähr alle Tage einmal – brachte Woodruff eines der beiden Tochtertiere in frisch bereitetes Aquariumwasser. Sobald sich im Laufe des nächsten Tages der erste Nachkomme des wilden Pantoffeltierchens seinerseits auch geteilt hatte, wurde eines seiner beiden Tochtertiere wiederum in frisch bereitetes Aquariumwasser verbracht usf. Jede Teilung wurde notiert, und Woodruff konnte somit ganz genau wissen, zu welcher Generation ein Pantoffeltierchen gehörte, das er in seinem tropfengroßen Aquarium gerade vor sich hatte. So ein Zuchtversuch hat natürlich sehr viele Mühe gemacht. Aber die Mühe wurde reichlich belohnt durch all das viele, was das Pantoffeltierchen dabei von seinem Können gezeigt hat. Denn Woodruff ist es gelungen, seinen Zuchtversuch bis zur 3029. Generation fortzuführen! Fünf Jahre hat es gedauert, bis aus dem wilden Pantoffeltierchen der Ururur … 3029. Urenkel entstanden war, den Woodruff als das Ergebnis seiner vielen Mühe schließlich der Wissenschaft präsentieren konnte. Und, was wichtig ist, dieser Ururur-Enkel war genau so frisch und gesund, wie sein wilder Ururur-Ahne.

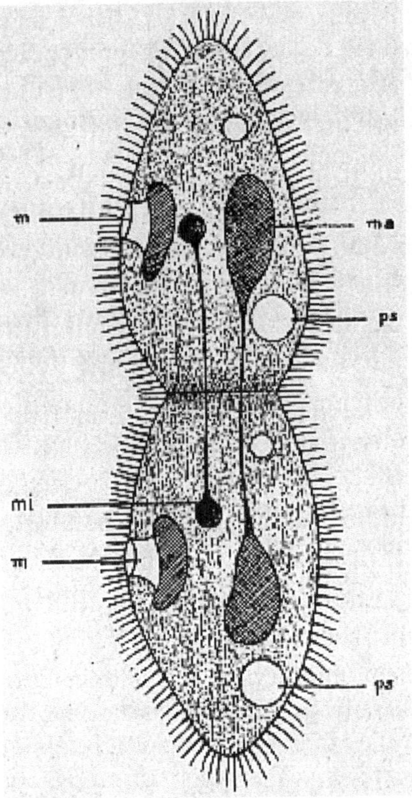

Abb. 10. Pantoffeltierchen in Teilung. *m* Mund, *ps* pulsierende Bläschen, *ma* Großkern, *mi* Kleinkern. Aus Stridde.

Von dem wilden Pantoffeltierchen-Ahnherrn stammte in 3029. Generation dieses Pantoffeltierchen ab. Aber dieser Sprößling eines so uralten Pantoffeltierchen-Geschlechts, dessen Urahne als ein wilder Raubritter doch wohl etwas zu bedeuten hatte, besaß keine … Ahnengalerie, keine Galerie der Toten seines Geschlechts. Woher auch? Aus dem wilden Pantoffeltierchen waren zwei Tochterzellen entstanden, aus jeder der beiden Tochterzellen wiederum zwei, aus jeder der so entstandenen vier Tochterzellen der zweiten Generation wiederum zwei Pantoffeltierchen, aus jeder der acht Pantoffeltierchen der dritten Generation waren wieder zwei Tochterzellen entstanden usf. bis zur 3029. Generation. Oder gar bis ins Unendliche – denn vielleicht präsentiert uns Woodruff nach einiger Zeit die 5000. Generation des wilden Pantoffeltierchen-Ahnherrn. Es hatte sich das Pantoffeltierchen bis ins 3029. Geschlecht fortgepflanzt, ohne daß es eine Leiche gegeben hatte, und wir dürfen mit gutem Recht annehmen, daß die Einzelligen sich bis ins Unendliche fortpflanzen können, ohne daß eine Leiche entsteht.

Die Leiche ist uns das Abbild des Todes. Und wenn bei den Einzelligen normalerweise keine Leichen vorkommen, so ist damit gesagt, daß es einen natürlichen Tod bei den Einzelligen nicht gibt. Was da bei den Einzelligen stirbt, das ist das Opfer eines Unglücks, von dem ein Pantoffeltierchen betroffen wird, das ist das Opfer ungünstiger Lebensumstände. Sind die Umstände günstig, so gibt es einen Tod im Reiche der Einzelligen nicht.

Übrigens: wer sollte normalerweise bei den Einzelligen sterben? Wer von den beiden völlig gleichen Tochterzellen? Der Elter, die Mutter sollte zuerst sterben – nicht wahr? Aber wer könnte sagen, welche der beiden Zellen Mutter und welche Tochter ist? „Stellen wir uns eine Amöbe mit Selbstbewußtsein vor", sagt der jetzt achtzigjährige Altmeister der Zoologie Weismann, der als einer der ersten das große Problem des natürlichen Todes wissenschaftlich behandelt hat, sehr launig, „so würde sie bei ihrer Teilung denken: ‚ich schnüre eine Tochter von mir ab', und ich zweifle nicht, daß jede Hälfte die andere für die Tochter und sich selbst für das ursprüngliche Individuum (für die Mutter) ansehen würde". Der Elter, die Mutterzelle, die neben den Tochterzellen vorhanden wäre, müßte zunächst sterben: hier aber geht die ganze Mutterzelle in den Tochterzellen auf …

Da haben wir Lebewesen vor uns, die nicht unbedingt zu sterben brauchen. Gehört somit der Tod nicht zum Leben?

Sofern wir unter Tod die Bildung einer Leiche verstehen, sind die Einzelligen – wenn ihnen die äußeren Umstände günstig sind – unsterblich. Denn im Verlauf des Entwicklungsganges dieser Zellen erfährt ihr Stoffwechsel, wie die Versuche von Woodruff uns mit aller Sicherheit gezeigt haben, unter günstigen äußeren Umständen niemals eine Störung, die zur Entstehung einer Leiche, d. h. zum Untergang der Zelle führen müßte. Und da jede einzelne Zelle schon all das darbietet, was Leben ist, da die Zelle die allgemeine Form der lebendigen Substanz ist, so dürfen wir jetzt sagen, daß der Tod in dem oben gefaßten Sinne der Leichenbildung nicht unbedingt zum Leben gehört. Der Tod aus Altersschwäche, wie er bei Mensch und Tier vorkommt, ist nur ein Spezialfall: die lebendige Substanz schlechtweg ist unsterblich.

Aber man muß sich hüten, diese Schlußfolgerung zu mißdeuten, wenn man nicht in arge Widersprüche hineingeraten will. Faßt man nämlich die Unsterblichkeit der lebendigen Substanz in einem weitern Sinne auf, im Sinne einer unveränderten Fortexistenz der Zelle – und das ist ja die geläufige Auffassung der „Unsterblichkeit" –, so kommt man in Widerspruch mit allen unsern wissenschaftlichen Vorstellungen vom

Leben. Leben ist Veränderung, und lebendige Substanz kann nicht sein ohne Veränderung. Alles Leben beruht auf dem Stoffwechsel der Zelle, auf bestimmten chemischen Wandlungen, auf Zerfall und Wiederaufbau der lebendigen Substanz: ein unverändertes Sein der Zelle ist ein Unding. Leben ohne Veränderung ist ein Widerspruch in sich selbst: denn Leben ohne Veränderung würde Stillstand des Lebens bedeuten. Ja, man kann so weit gehen und auch den Zerfall der lebendigen Substanz, wie er normalerweise andauernd im Stoffwechsel vor sich geht, als ein „Sterben" auffassen und man kann dann mit Verworn sagen, daß ohne Sterben kein Leben vorhanden ist, daß alles Leben ein Sterben ist, „*une destruction organique*", eine organische Zerstörung, wie der große Meister der Biologie Claude Bernard einst gesagt hat.

Die beiden Tochterzellen eines Pantoffeltierchens bestehen in Wahrheit gar nicht aus derselben lebendigen Substanz, aus der ihre Mutterzelle aufgebaut war, als sie als Tochterzelle einst ihr selbständiges Dasein begonnen hatte. Denn im Verlaufe ihres individuellen Lebens – von dem Augenblick ab, in dem sie sich als Tochterzelle abgeschnürt hatte, bis zu dem Augenblick, wo sie sich selbst wieder in zwei Tochterzellen aufgeteilt hat –, haben andauernd Veränderungen in ihrer lebendigen Substanz stattgefunden und kein Teilchen der Zelle war davon verschont geblieben. So existiert die lebendige Substanz der Mutterzelle nicht unverändert in den Tochterzellen fort und es gibt keine Unsterblichkeit im Sinne einer unveränderten Fortdauer der lebendigen Substanz.

Um den Mißdeutungen aus dem Wege zu gehen, die mit der Tatsache verknüpft werden können, daß die Einzelligen unsterblich sind, müssen wir also streng festhalten, was wir unter Unsterblichkeit verstehen. Unsterblichkeit bedeutet für uns nur, daß im normalen Entwicklungsgang einer Zelle keine Leiche entsteht. Die lebendige Substanz ist unsterblich nur soweit, als man unter Tod die Bildung einer Leiche versteht, einer Zelle, deren Stoffwechsel unwiderruflich erloschen ist.

5. Der sterbende Zellenstaat.

Eine Leiche war uns eine Zelle, deren Stoffwechsel unwiderruflich erloschen ist. Solange nur von einzelligen Lebewesen die Rede war, haben wir uns gut an diese Vorstellung einer Leiche halten können. Wenn wir nun aber auf den Tod der vielzelligen Lebewesen zu sprechen kommen – wie entsteht hier die Leiche?

Das vielzellige Tier ist ein Zellenstaat, und in diesem Zellenstaat gehen stets wieder und wieder Zellen zugrunde, die zum Teil vom Körper abgestoßen, abgeworfen werden. In allen Klassen des Tier- und Pflanzenreiches ist das der Fall. Die obersten Schichten unserer Haut z. B. sind abgestorbene verhornte Zellen, die mit der Zeit von unserer Haut losgelöst und abgestoßen werden, während an ihre Stelle von unten her jüngere Zellen vorrücken, und das Schicksal dieser Jungen ist ebenso besiegelt wie das ihrer Vorgänger (Abb. 11 u. 12). Auch unsere Haare und unsere Nägel sind zum großen Teil tote Zellen der Haut. Ebenso die Federn der Vögel. Und wenn die Vögel mausern, so werfen sie schon recht beträchtliche Mengen von toter Zellsubstanz ab, sie werfen Zelleichen ab. So tun es auch zahlreiche Gliederfüßler bei der Häutung. Dieses Sterben einzelner Zellen im Zellverband beginnt schon sehr frühzeitig, indem z. B. schon die Haut des Tieres im Mutterleibe eine Hornschicht und ein Haarkleid besitzt. Und schon im Mutterleibe werden abgestorbene Zellen der Hornschicht und der Haare abgestoßen. Auch von den Schleimhäuten des Mundes und des Darmes werden andauernd Zellen, und sogar intakte Zellen, aus dem Zellverbande gelockert, um dann dem Tode zu verfallen. Unsere roten Blutkörperchen, die roten Blutzellen, die im Laufe ihrer Entwicklung den Zellkern einbüßen und als kernlose Scheiben willenlos vom Blutstrom getragen werden, leben bloß vierzehn Tage, um dann zu zerfallen und als „altes Eisen" – hier im buchstäblichen Sinne des Wortes – im Haushalt des Zellenstaates Verwendung zu finden. Rote Blutkörperchen, die um vierzehn Tage jünger sind, treten aus dem Knochenmarke, das die Bildungsstätte der roten Blutzellen in unserem Körper ist, an die Stelle ihrer toten Vorgänger. Auch in den Drüsen gehen ständig Zellen zugrunde. Die Geschlechtsdrüsen des Männchens geben periodisch Millionen von lebensfrischen Zellen ab, die winzig kleinen Samenzellen, die alle dem Untergange, dem Tode geweiht sind. Nur einigen wenigen dieser Millionen und Abermillionen von Zellen ist es beschieden, am Leben zu bleiben und in den Kindern fortzuleben. Auch beim Weibe findet periodisch eine Abstoßung von lebendigen Zellen statt, die dem Tode verfallen. Und bei den höheren Tieren ist die Geburt des Kindes damit verknüpft, daß ein Teil des mütterlichen Organismus, der Mutterkuchen, sich vom Körper loslöst und mit all seinen Zellen stirbt.

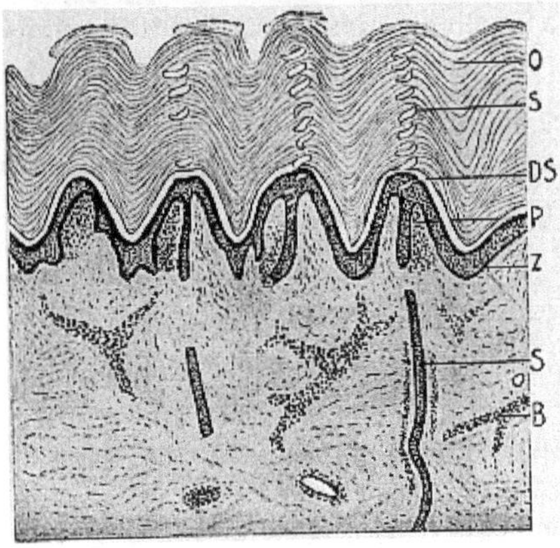

Abb. 11. Senkrechter Schnitt durch die Haut. Oben die Hornhaut (*O*), unten die Lederhaut aus Bindegewebe. In der Lederhaut und der Hornhaut der Ausführungsgang einer Schweißdrüse (*S*) und Blutgefäße (*B*). *P* die in die Oberhaut hineinragenden Papillen der Lederhaut. *Z* die Schicht der Zellen, die später verhornen und die Hornschicht bilden. Die einzelnen Zellen sind bei schwacher Vergrößerung nicht sichtbar. *DS* Übergangsschicht zwischen der Bildungsschicht der verhornenden Zellen und der eigentlichen Hornhaut. Schwach vergrößert. Nach Sigmund.

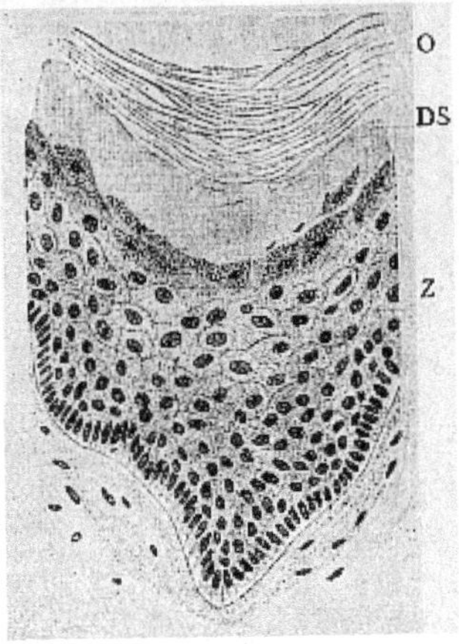

Abb. 12. Ein Schnitt durch die Haut, stärker vergrößert. Man sieht in der Bildungsschicht der später verhornenden Zellen die einzelnen Zellen liegen, die sich später bis zur Unkenntlichkeit (in der Hornschicht) verändern. Bezeichnungen wie in Abb. 11. Nach Stöhr.

Wie bei den Tieren, so ist es auch bei den Pflanzen. Im Pflanzenkörper stirbt immer wieder und wieder ein Teil der Zellen, um als Bildungsmaterial für den Aufbau der vielzelligen Pflanze zu dienen. Da sind die verholzten Zellen, aus denen die vielgestaltigen Elemente der Leitung in der Pflanze aufgebaut sind, wo von den Zellen schließlich nur verholzte Wände zurückgeblieben sind, und auch diese durchlöchert und durchbrochen. Das Protoplasma dieser Zellen ist ganz geschwunden. Da sind die toten Zellen der Rinde, der Oberhaut der Blätter. Millionen von

Zellen des Pflanzenkörpers gehen ferner während des Laubfalls zugrunde, und ihre vielen, vielen Leichen bestimmen das Bild unserer herbstlichen Landschaft. Millionen lebendiger Zellen der Pflanze werden der Liebe geopfert, wenn der Pollen der Blüte vom Winde erfaßt und in die Weite getragen wird – nur einige wenige Pollenkörner der, ach, so vielen gelangen auf die Narbe der weiblichen Blüte. Und auch die lebensfrischen und duftsprühenden Zellen der bunten Blütenpracht verfallen dem Tod.

Das Gespenst des Todes geht in uns und um uns …

Die toten Zellen der vielzelligen Pflanzen und Tiere – sie sind jede für sich eine Leiche, sie sind Zelleichen. Aber es wird doch niemandem einfallen zu behaupten, ein vielzelliger Organismus sei gestorben, weil ein Teil der Zellen, aus denen er besteht, abgestorben ist. Das wäre eine ganz unsinnige Behauptung. Denn diese toten Zellen gehören ja zum Teil mit zum Zellenstaat von Pflanze und Tier, ohne diese toten Zellen können Pflanze und Tier nicht leben. Die einzelnen Zelleichen schlechtweg machen also den Zellenstaat noch nicht zu einer Leiche. Aber doch, wie wir gleich sehen werden, es ist der Tod der Zellen, was den Zellenstaat zur Leiche macht.

Wenn der vielzellige Organismus aufhört zu leben, so wird sein Stoffwechsel stillgestanden sein. Nun ist das Leben des vielzelligen Organismus nichts anderes als das Leben, das Zusammenleben der Zellen, aus denen er aufgebaut ist. Der Stoffwechsel des vielzelligen Organismus beruht auf dem Stoffwechsel seiner Zellen. Und da ist es uns klar, daß Zellen gestorben sein müssen, wenn einmal der Zellenstaat zu leben aufhört. Aber wir wissen ja schon, daß nicht der Tod einer jeden Zellgruppe im Zellenstaat diesen zur Leiche macht. Bestimmte Zellgruppen vielmehr müssen gestorben sein, wenn der große Zellenstaat zu einer Leiche werden soll. Ja, noch mehr: schon wenn bestimmte Zellen im Zellenstaat nicht mehr so recht auf ihrem Posten sind, ohne tot zu sein, auch dann schon kann der Zellenstaat zugrunde gehen. Das muß aber noch näher erklärt werden.

Wir verstehen es wohl, daß dem Leben eines vielzelligen Tieres noch kein Ziel gesetzt ist, wenn das Tier z. B. Arme und Beine eingebüßt hat. Aber stellen wir uns vor, wir haben einem Versuchstier, z. B. einem Frosch, das Herz herausgeschnitten. Innerhalb eines kürzeren oder längeren Zeitraumes wird unser Versuchstier sterben. Die Zellen seines Gehirnes, seiner Muskeln, seiner Leber usw. werden nach Entfernung des Herzens keinen Sauerstoff mehr bekommen und sie werden ersticken. Ihr Stoffwechsel wird erlöschen, die Zellen werden Leichen sein. Und schließlich wird ein Zeitpunkt kommen, wo sämtliche Zellen des Zellenstaates, der der Frosch ist, tot sein werden. Wir sagen, jetzt ist das

Versuchstier tot, jetzt ist es eine Leiche. Oder wir haben einem Versuchstier, z. B. einem Kaninchen, beide Nieren herausgeschnitten. Die Schlacken, die Abfallsprodukte des Stoffwechsels werden nun nicht aus dem Körper herausgeschafft werden können, sie werden sich in dem Blute und in den Zellen des Tieres anhäufen: und die Zellen werden sterben – die einen früher, die andern später, bis schließlich alle Zellen des Zellenstaates tot sein werden. Oder in Krankheiten, wo bestimmte Zellen und Organe in ihrer Tätigkeit erlahmen, z. B. bei Erkrankungen des Herzens. Das Herz tut seine Arbeit nicht mehr wie sonst, weil die Herzmuskelzellen erkrankt und geschwächt sind. Die Zellen des ganzen Zellenstaates werden dabei in Mitleidenschaft gezogen, sie bekommen zu wenig Nährstoffe, vor allem zu wenig Sauerstoff, und die Stoffwechselprodukte werden aus den Zellen nicht gründlich genug herausgewaschen. Schließlich hört die geregelte Arbeit des Herzens ganz auf, und es beginnt ein schnelles Sterben aller Zellen des Zellenstaates. Oder die Nieren sind erkrankt, sie tun ihre Arbeit nicht mehr so recht, ohne daß die tätigen Drüsenzellen der Niere ganz ihre Arbeit eingestellt hätten, ohne daß sie tot wären. Und alle Zellen des Körpers werden unter der schlechten Arbeit der Nierenzellen zu leiden haben, und es wird die Stunde kommen, wo die Zellen des Herzens oder die Zellen des Gehirnes versagen werden. Sie werden sterben – und es beginnt das große Sterben der Zellen im Zellenstaat.

Genau so ist es bei der Pflanze. Büßt die Pflanze ihre Wurzeln ein, so werden nach kürzerer oder längerer Zeit alle lebendigen Zellen des pflanzlichen Zellenstaates sterben. Die Pflanze wird tot sein. Oder wir schneiden mit Hilfe eines scharfen Instruments aus dem Stamm einer Pflanze dicht oberhalb der Wurzel ein auch nur ganz kleines Stück des Holzteiles heraus: nun wird die Zuleitung der Nährstoffe zu den Zellen der Pflanze ins Stocken geraten – genau so, wie wenn wir einem Versuchstier das Herz herausgeschnitten haben. Die Zellen der Pflanze werden abzusterben beginnen, bis schließlich alle Zellen des großen Zellenstaates der Pflanze tot sein werden. Jetzt wird die Pflanze eine Leiche sein.

Alles in allem: der vielzellige Organismus stirbt, wenn bestimmte Zellen im Zellenstaat in ihrer gewohnten Tätigkeit versagen und damit den normalen Ablauf des Stoffwechsels in allen anderen Zellen des Zellenstaates stören. Aber nicht alle Zellen des Zellenstaates sterben zu gleicher Zeit. Wie der Tod über das sterbende kernlose Teilstück einer Zelle „hinkriecht“, um mit Verworn zu sprechen, so kriecht er auch über die einzelnen Zellen des Zellenstaates ganz allmählich hin. Gleichgültig, was den Tod des vielzelligen Organismus unmittelbar bedingt hat: stets sterben die einen Zellen früher, die andern später, bis schließlich der ganze Zellenstaat eine Leiche ist ...

Und wenn wir wissen wollen, warum wir sterben? Warum wir alt werden und schließlich eine Leiche sind? Welch einen Weg müssen wir gehen, wenn wir hier Antwort haben wollen?

Wir müssen vor allen Dingen die Veränderungen studieren, die die Zellen des vielzelligen Organismus im Laufe des Lebens erfahren, im Laufe des Lebens, das sich zum Tode entwickelt.

6. Das Altenteil der Zellen im Zellenstaat.

Wir haben der Wilden gedacht, die es gar nicht begreifen wollen, daß jeder Mensch sterben müsse. Der Naturmensch betrachtet den Tod als ein Unglück, bei dem unbedingt ein böser Geist im Spiele war: dem bösen Geist waren nicht all die Artigkeiten erwiesen, die man den feindseligen Geistern schon schuldet, wenn man ungeschoren bleiben und sich nicht allerlei peinlichen Zufällen aussetzen will. Wenn jemand stirbt, dann hat stets ein feindseliger Geist sein schändliches Handwerk getan.

Abb. 13. Krümmung der Wirbelsäule im Alter. *A* Wirbelsäule einer Frau von 35 Jahren. *B* eines Mannes von 83 Jahren. Aus Ewald.

Sieht man sich die modernen Statistiken an, die uns über das Sterben der Menschen berichten, so möchte man beinahe dem Naturmenschen darin Recht geben, daß es einen „natürlichen" Tod, einen Tod aus Altersschwäche gar nicht gibt, und daß es beim Sterben der Menschen stets mit „unrechten Dingen", wo Geister im Spiele sind, zugeht. In Deutschland sterben jährlich über eine Million Menschen, und von diesen sterben an Altersschwäche nur über hunderttausend, nicht mehr als z. B. allein an Tuberkulose sterben. Und dann kommt noch hinzu, daß von den hunderttausend Menschen, die über sechzig Jahre alt geworden und angeblich an Altersschwäche verstorben sind, in Wirklichkeit nur die wenigsten an Altersschwäche zugrunde gegangen sind. Daß einer wirklich an Altersschwäche und nicht an einer Krankheit gestorben ist, die seinen gealterten, widerstandslosen Körper befallen hat, darüber kann man ja mit Sicherheit nur dann etwas aussagen, wenn man die Organe des Verstorbenen einer sehr eingehenden mikroskopischen Untersuchung unterworfen hat. Das geschieht nur in den seltensten Fällen, dann, wenn der Greis in einer öffentlichen Krankenanstalt gestorben ist, und auch dann nicht immer. Bei der mikroskopischen Untersuchung der Organe des verstorbenen Greises wird sich herausstellen, ob der anscheinend an Altersschwäche Verstorbene nicht doch krankhafte Veränderungen in seinen Organen und Zellen hat. Wo diese fachmännische Untersuchung der Leiche nicht vorgenommen worden ist, läßt es sich niemals ausschließen, daß es sich um einen Tod aus Krankheit gehandelt hat. Dieser Verdacht ist um so eher gerechtfertigt, als gerade im hohen Alter die Menschen sehr häufig leichtern Krankheiten erliegen, die ein Jüngerer ohne weiteres überstanden hätte, ohne auch nur den Eindruck eines Schwerkranken auf seine Umgebung gemacht zu haben. Dabei ist in Betracht zu ziehen, daß ziemlich ein Drittel aller Verstorbenen überhaupt nicht vor dem Tode ärztlich behandelt wird. Und der Arzt, der in solchen Fällen die Todesursache zu beglaubigen hat, wird bei einem über sechzig Jahre alten Menschen natürlich nichts anderes als Todesursache angeben können, als Altersschwäche, – was ja insofern auch richtig ist, als die Altersschwäche jedenfalls an dem Tode des alten Menschen mit schuld war. Aber eine wissenschaftlich genaue Aussage darüber, daß der alte Mensch wirklich aus Altersschwäche und nicht an einer Krankheit gestorben ist, ist die Beglaubigung des Arztes nicht. Wie schon erwähnt, nur die eingehende Leichenschau mit Hilfe von Messer und Mikroskop erlaubt uns eine Aussage darüber, ob jemand an Altersschwäche und nicht an Krankheit gestorben ist.

So werden wir es verstehen, daß der berühmte Arzt Nothnagel zur Überzeugung gelangen konnte, „daß fast alle Menschen durch äußere Gewalt oder Krankheit dahingerafft werden … und daß die allerwenigsten Menschen eines natürlichen Todes sterben, vielleicht kaum einer unter Hunderttausend.“

Und nun das „andererseits“.

Untersucht man die Organe von alten Leuten, gleichgültig, ob sie aus Altersschwäche oder an irgendeiner Krankheit gestorben sind, so findet man in ihnen stets Veränderungen ganz charakteristischer Art. Von diesen Veränderungen werden wir weiter unten noch erzählen. Es ist klar, daß Veränderungen, die man bei allen alten Leuten antrifft, als Altersveränderungen aufgefaßt werden müssen. Und der Arzt kann in der Regel sagen, daß wenn ein Greis auch nicht an Altersschwäche gestorben ist, doch die allen Greisen gemeinsamen Altersveränderungen den Boden abgegeben haben für die Entwicklung und für die schlimme Wendung der Krankheit, die ein Jüngerer wohl überwunden hätte. Daß heute so wenig Menschen aus Altersschwäche sterben, liegt nicht daran, daß es einen Tod aus Altersschwäche nicht gibt, sondern lediglich daran, daß der gealterte

Organismus sehr leicht verschiedenen Krankheiten erliegt, die für jüngere Leute nicht tödlich sind. Der Greis, der an irgendeiner Krankheit stirbt, stirbt gleichzeitig immer auch aus Altersschwäche.

Jetzt wollen wir davon erzählen, wie sich die alternden Zellen im Zellenstaat verändern.

Ein gebücktes Mütterchen ist uns das Abbild des Alters. Ein gerunzeltes, zahnloses Mütterchen. Das Fettgewebe, das die Haut einst prall erhalten, ist geschwunden, und in Falten legt sich die Haut. Die bindegewebigen Bänder, die die Knochen der Wirbelsäule fest aneinander gebunden hatten, haben ihre Elastizität eingebüßt wie ein viel gebrauchtes Gummiband. Und die Wirbelsäule gibt dem Druck des Oberkörpers nach, der Oberkörper sinkt nach vorne. (Abb. 13). In den Kiefern schwindet der Teil, in dem einmal die Zähne gesessen, und die Zähne fallen aus (Abb. 14 u. 15).

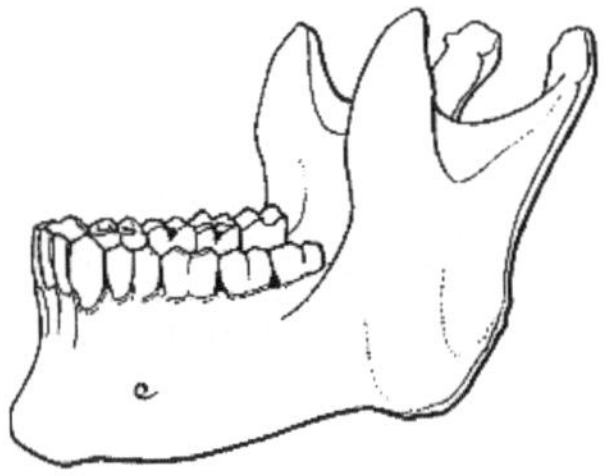

Abb. 14. Unterkiefer eines erwachsenen Menschen. Nach Toldt.

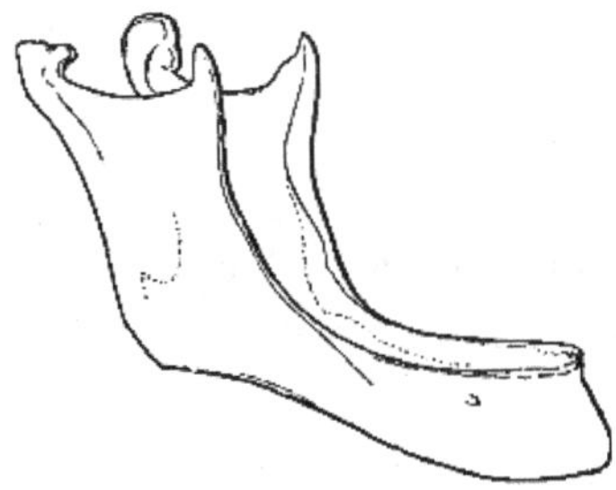

Abb. 15. Unterkiefer eines alten Menschen. Nach Ribbert.

Denken und Handeln des alternden Menschen haben sich auch verändert. Man denkt und handelt langsamer, träger. Man humpelt, wenn das Alter gekommen, auch im Denken, genau so wie man mühsam mit Krücken sich fortbewegt, über Pflaster und Stiege geht.

Sehen wir uns die inneren Organe eines alten Menschen an, so finden wir, daß sie kleiner sind als bei einem jüngeren Menschen. Man kann direkt von einem Schwund der Organe im Alter sprechen. Wir haben schon des äußerlich sichtbaren Schwundes vom Unterkiefer gedacht. Auch die Knochen sonst erleiden einen richtigen Schwund, die Schädelknochen (Abb. 16) und alle andern auch. Die Knochen werden dünner, und die Verdünnung der Knochen geht so weit, daß sie brüchig werden. Jedermann weiß, daß alte Leute leicht Knochenbrüche erleiden, namentlich an bestimmten Knochen, z. B. am Schenkelhals. Und wie die

Knochen, so erfahren auch alle andern Organe im Alter einen Schwund: die Leber, die um die Hälfte verkleinert sein kann, die Nieren, das Herz usw. Besonders auffallend aber ist der Schwund, den das Gehirn bei alten Leuten erfährt. Die Windungen des Gehirnes, die aus Nervenzellen bestehen, sind schmäler geworden, weit klaffen die Furchen zwischen den Windungen. Aber nicht nur kleiner, auch härter sind die Organe im Alter geworden. Derb und zähe fühlt sie der Arzt in der Hand, wenn er die Leichenschau übt.

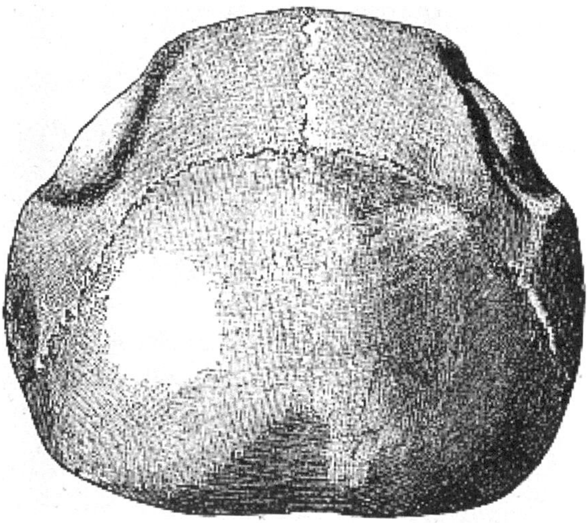

Abb. 16. Schädeldach eines alten Menschen. Rechts und links an den Scheitelknochen sieht man sehr deutlich den Knochenschwund: es sind hier flache Gruben im Knochen entstanden. Nach Ziegler.

Da haben wir eine ganze Menge darüber erfahren, wie die Organe im Alter verändert werden. Aber all das können wir erst verstehen, wenn wir das Mikroskop zu Hilfe nehmen, die Organe alter Leute mikroskopisch untersuchen. Sehen wir uns z. B. ein Stückchen Niere von einem Menschen an, der aus Altersschwäche gestorben ist (Abb. 17). Da sind an einer Stelle noch gut erhaltene Nierenzellen zu sehen, die ein Nierenkanälchen bilden, wie es sich für eine normale Niere nicht besser gehörte. Aber wir finden auch Nierenkanälchen, die ganz zusammengefallen sind, wo sogar die Lichtung der Kanälchen geschwunden ist. Die Zellen dieser Kanälchen sind verkleinert, „atrophisch“, wie man sagt. Diese Zellen haben einen Altersschwund erfahren. Genau so ist es mit den Zellen der Leber, der Drüsen, des Gehirnes und der Organe sonst. Weil die Zellen der Organe klein, atrophisch geworden sind, sind eben bei dem alten Menschen die Organe kleiner als in jüngeren Jahren. Es findet also im Alter eine Atrophie der

Zellen statt, ein Schwund der lebendigen Zellsubstanz. Der Schwund der lebendigen Substanz der Zellen kennzeichnet alle Organe des gealterten Körpers.

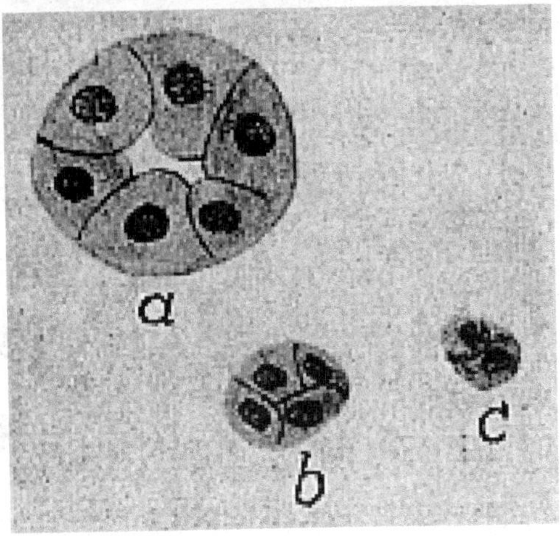

Abb. 17. Horizontalschnitte durch Nierenkanälchen aus der Niere eines alten Menschen. *a* mit noch gut erhaltenen Zellen; man sieht hier deutlich die Lichtung des Nierenkanälchens. *b* und *c* mit atrophischen Zellen: die Kanälchen sind zusammengefallen, eine Lichtung ist nicht mehr vorhanden. Stark vergrößert. Nach Ziegler. Etwas schematisiert.

Auch härter und derber, haben wir gesagt, werden die Organe im Alter. Schon äußerlich kann man das an dem harten Puls eines alten Menschen beobachten. Was hat das zu bedeuten? Die mikroskopische Untersuchung der Organe von alten Menschen zeigt uns, daß sich in ihnen sehr reichliche Mengen von Bindegewebe finden. Das Bindegewebe ist natürlich auch in lebensfrischen Organen, in Nieren, Leber usw. stets vorhanden. Es bildet gewissermaßen die weichen Daunen, in denen die Zellen der Organe gebettet liegen. Das Bindegewebe nun kommt im Alter zu üppiger Entwicklung. Das wäre noch nicht so schlimm. Aber das Bindegewebe wird im Alter sehr hart, faserig und es ist nicht mehr so elastisch wie früher einmal. Sehr auffällig ist die Verhärtung des Bindegewebes, das die Blutröhren umhüllt, und das, was wir als harten Puls bei allen Leuten fühlen, das ist das verhärtete Bindegewebe um die Blutröhren herum. Und wie die Zellen der Niere, der Leber, des Gehirns und aller andern Organe im Alter nicht mehr so recht ihre gewohnte Arbeit tun können, weil sie einen Altersschwund erfahren haben, so auch das Bindegewebe. Es versagt im Dienst: es ist den Zellen und Organen nicht mehr das weiche und elastische Bett und gibt ihnen nicht mehr wie ehedem ihren Halt. Wir sehen das namentlich an der Krümmung der Wirbelsäule im Alter. Verhängnisvoll ist dieses Versagen des Bindegewebes bei den Blutgefäßen. Die Verteilung des Blutes im Körper kann nämlich nur dann regelrecht vonstatten gehen, wenn die Blutröhren gut elastisch sind. Die elastischen Röhren gehören mit zum Pumpapparat des Blutkreislaufes, sie arbeiten bei der Verteilung des Blutes im Körper dem Herzen in die Hand. Ein Pumpwerk nämlich, das eine Flüssigkeit durch starre Röhren treibt, gibt einen unterbrochenen Strom, einen Strom in einzelnen Stößen. Dagegen treibt dasselbe Pumpwerk die Flüssigkeit durch elastische Röhren nicht in Stößen, sondern fortlaufend, ununterbrochen. Die elastischen Blutröhren haben somit einen sehr wichtigen Anteil bei der Verteilung des Blutes im Körper: sie sorgen dafür, daß das Blut dauernd zu Organen und Zellen fließt. Wären sie starr, so käme das Blut an die Zellen nur in einzelnen Stößen heran, alle Sekunde, mit jedem Herzschlag einmal. Nun haben aber im Alter die Blutröhren an Elastizität eingebüßt, wenn das Bindegewebe, in dem sie gebettet sind, härter geworden ist. Die Zufuhr des Blutes zu den Zellen im Körper wird beeinträchtigt. Der Stoffwechsel der Zellen wird geschädigt. Und es kommt noch hinzu, daß die Blutpumpe selber, die Zellen des Herzens, einen Altersschwund erfahren. Auch das Herz wird im Alter kleiner und kann dann nicht mehr so kräftige Arbeit leisten wie in jungen Tagen. All das trägt dazu bei, daß die Atrophie der lebendigen Substanz aller Zellen im Körper noch beschleunigt wird.

Der Altersschwund der Zellen im Zellenstaat bedeutet, daß nunmehr weniger lebendige Substanz im Organismus enthalten ist – die Zellen sind kleiner geworden und es wird jetzt im Körper weniger lebendige Substanz im Stoffwechsel verbrannt. Das ist uns selbstverständlich: im alternden Organismus brennt das Feuer des Lebens – ganz wörtlich zu verstehen – nicht mehr wie einst im Mai, es brennt nicht mehr in lodernder Glut wie früher, wie in der Jugend des Menschen. Man hat gefunden, daß der Stoffwechsel bei Greisen und Greisinnen eine Abnahme erfährt. So sind die Verbrennungsvorgänge bei Leuten im Alter von etwa 68 bis 86 Jahren um rund 20% geringer als bei Leuten, die im mittleren Lebensalter stehen.

Alles in allem: es ist das Altenteil der Zellen im Zellenstaat, daß sie atrophisch werden, daß sie einen Altersschwund erfahren, wobei der Stoffwechsel der Zellen eine bedeutende Abnahme erfährt.

7. Wie wir sterben.

Nun wissen wir, was das Altenteil der Zellen im Zellenstaat ist.

Aber was gewinnen wir für das Verständnis des natürlichen Todes, das wir suchen, wenn wir nun wissen, daß die Zellen im Zellenstaat einen Altersschwund erfahren? Wir waren im fünften Kapitel dahin gelangt, daß der vielzellige Organismus stirbt, wenn bestimmte Zellen, die für den normalen Ablauf des Stoffwechsels im Zellenstaat von Bedeutung sind, in ihrer Tätigkeit versagen. Weisen uns nun die Veränderungen der Zellen im alternden Zellenstaat, die wir festgestellt haben, darauf hin, welche Zellen im Körper am ehesten versagen und das Sterben des Zellenstaates einleiten? Nein. Wir haben bloß gesehen, daß sämtliche Zellen des Zellenstaates einen Altersschwund erleiden. Wir wollen aber doch wissen, warum mehr oder weniger plötzlich der Zeitpunkt kommt, wo ein schnelles Hinsterben aller Zellen des Zellenstaates beginnt. Darüber sagt uns das, was wir über den Altersschwund der Zellen im Zellenstaat und über die Abnahme ihres Stoffwechsels erfahren haben, noch nichts aus. Wollen wir hier Aufschluß gewinnen, so müssen wir einen anderen Weg einschlagen. Wir dürfen uns dann nicht darauf beschränken, bloß die Organe von Leuten, die an Altersschwäche verstorben sind, zu untersuchen. Wir müssen hier zusehen, wie man stirbt.

Um uns das Suchen zu erleichtern, wollen wir zunächst zusehen, wie man an einer Krankheit stirbt, wie der Tod durch Krankheit zustandekommt.

Wer wollte sich aber im freudigen Jubel des Lebens in die Zahlen versenken, welche statistische Ämter und Krankenhäuser ermittelt haben und aus denen herauszulesen ist, woran und wie die Menschen sterben! Und mancher von denen, die diese Zeilen zu Gesicht bekommen, nimmt's mir gar übel, daß ich nun dran gehen will, all die trüben Bilder des Todes hervorzuzaubern. Es mag ja dahingehen, daß man vom Sterben eines Pantoffeltierchens spricht und wohl auch vom Tode des Menschen aus Altersschwäche. Aber vom Tod aus Krankheit, vom Tode, der uns der kalte Schrecken ist! Und da möchte ich Nothnagel zu Worte kommen lassen, der kurz vor seinem eigenen Tode in einem Vortrag eine lichtvolle Darstellung vom Sterben gegeben hat: „Es ist ein Wagnis, wenn ich es unternehme, nicht, wie sonst üblich, holde Gebilde der Kunst und Dichtung oder ergreifende Darstellungen aus dem Menschenleben und der Geschichte oder hoheitgeschmückte lichte Fragen der Wissenschaft, sondern ein so nachtgeborenes Problem, wie das Sterben ist, vor Ihr geistiges Auge zu führen. Den Mut dazu gibt mir die Erwägung, daß der elementaren Gewalt dieses Problems kein Denkender sich entziehen kann. Handelt es sich doch um eine unentrinnbare Frage, die jeden, ohne

Ausnahme, persönlichst angeht. Wir mögen sie gleichgültig oder leichtsinnig, mutig oder ergeben, angstvoll oder gar freudig, mit der Ruhe des Philosophen oder der Wißbegierde des Forschers aufnehmen, aber erinnert werden wir auf diesem oder auf jenem Wege doch irgend einmal an sie. Dem ernsten Menschen aber geziemt es, einem Vorgange, der alles Lebendige der Vernichtung zuführt, eine eindringliche und vertiefte Aufmerksamkeit zuzuwenden."

Und so nehmen wir uns denn den Mut, auch über den Tod durch Krankheit zu sprechen …

Wenn wir uns die Todesstatistiken ansehen, so finden wir in ihnen sehr zahlreiche „Todesursachen" verzeichnet. Das offizielle Verzeichnis der Todesursachen, das die obersten Medizinalbehörden in den einzelnen deutschen Bundesstaaten den Ärzten zur Anwendung empfohlen haben, enthält über 175 verschiedene Nummern. Und schon das „kurze Verzeichnis", das das kaiserliche Gesundheitsamt für die Todesstatistik benutzt, zählt 23 Todesursachen auf. Da sterben die Menschen an Infektionskrankheiten, wie Tuberkulose, Typhus, Scharlach, Diphtherie, Masern, Rose, Lungenentzündung und Influenza, an Pocken, Ruhr, Genickstarre, an Keuchhusten usw. Die andern erliegen Verdauungskrankheiten, Krankheiten des Herzens, der Lungen, der Nieren, der Leber, des Nervensystems. Und andere wieder sterben an Krebs, fallen als Opfer auf dem Schlachtfeld der Arbeit in Fabrik oder Bergwerk, werden das Opfer eines Unfalls, eines Mordes, sterben an Gift. Und was der Schrecken noch mehr!

So ergibt sich zunächst eine ganz außerordentliche Mannigfaltigkeit von „Todesursachen". Bei näherem Zusehen erweist es sich jedoch, daß das Sterben der Menschen viel einheitlicher gestaltet ist. Nehmen wir z. B. den Fall, daß ein Mensch an Lungenentzündung gestorben ist. Auf den ersten Blick scheint kein Zweifel vorhanden, daß eine Erkrankung der Lungen den Tod unseres Patienten verschuldet hat. Die erkrankten Lungen können die Atmung nicht mehr so gut besorgen. Die Zellen des Körpers bekommen nun nicht genug Sauerstoff zugeführt, und die Kohlensäure wird aus ihnen nicht prompt genug herausgeschwemmt. Vor allem wird das die Nervenzellen treffen, die gegenüber Sauerstoffmangel außerordentlich empfindlich sind. Die Sinne des Kranken umnebeln sich, und schließlich wird unser Patient bewußtlos. Aber noch steht die Atmung nicht ganz still und das Herz tut noch seine Arbeit. Doch auch das Herz beginnt schließlich zu erlahmen. Denn die Herzmuskelzellen können nur dann tüchtig Arbeit leisten, wenn sie genug Sauerstoff mit dem Blute zugeführt bekommen und wenn sie nicht mit Stoffwechselprodukten überladen bleiben. Normalerweise bringen besondere Blutgefäße den Herzmuskelzellen das allerfrischeste Blut im

Körper. Nun, wo die Atmung mangelhaft geworden ist, wo die Lungen nicht mehr genug Sauerstoff ins Blut hineinbringen, wird natürlich auch die Sauerstoffzufuhr zu den Herzmuskelzellen mangelhaft – die Schlagfolge des Herzens beginnt unregelmäßig zu werden und schließlich steht das Herz still, obgleich die Atmung unseres Patienten noch nicht ganz aufgehört hatte. Für das Herz aber war die mangelhafte Sauerstoffzufuhr so ungenügend, daß es seine Arbeit nicht mehr tun konnte. Unser Patient ist tot. Wir sagen, er sei an Lungenentzündung gestorben. Das ist insofern richtig, als die Lungenentzündung ihn krank gemacht hatte. Aber von allen Organen hat doch das Herz zuerst versagt, und der Stillstand des Herzens hat das Sterben der Zellen im Zellenstaat eingeleitet.

Ein anderes Beispiel. Ein Kind ist an Diphtherie erkrankt. Die Entzündung des Kehlkopfes ruft Atemnot hervor. Das Kind „erstickt", wenn der Arzt nicht rechtzeitig dazukommt, um den rettenden Luftröhrenschnitt auszuführen: der Stillstand des Herzens, der bei Sauerstoffmangel eintritt, auch wenn die Atmung noch einigermaßen anhält, hat das Schicksal des Kindes besiegelt. Und noch mehr: es kommt vor, daß ein diphtheriekrankes Kind stirbt, bevor es noch überhaupt zu Atemnot gekommen war. Das Herz war stillgestanden. Die Stoffe, welche die Diphtheriebazillen ins Blut ausscheiden, haben das Herz vergiftet. Auch bei Typhus, Influenza, Scharlach und andern Infektionskrankheiten sieht man infolge der Bakteriengiftwirkung in gleicher Weise das Herz erlahmen, während die Veränderungen in den andern Organen bei allen diesen Krankheiten so verschieden sind.

Ein Patient geht an einer Erkrankung der Niere zugrunde. Sein Körper ist mit Stoffen überschwemmt, die normalerweise in den Stoffhaushalt seines Organismus nicht hineingehören. Der Kranke liegt bewußtlos da. Aber solange das Herz noch arbeitet, ist noch nicht alle Hoffnung geschwunden. Doch die Stoffe, die aus den kranken Nieren in das Blut gelangen, wirken auch auf das Herz, und das Herz ist im Laufe der Zeit, wo die Nieren krank sind, geschwächt worden. Schließlich versagt das Herz, das Herz steht still. Der Kranke stirbt. Das Herz hat sein Machtwort gesprochen.

Der Arzt kennt diese Tatsachen, und das erste, worüber er sich bei einem Patienten zu vergewissern sucht, den man seiner Kunst anvertraut hat, ist der Zustand des Herzens. Je kräftiger, je widerstandsfähiger das Herz, desto geringer die Todesgefahr.

So können wir mit Nothnagel sagen: „Der Mensch stirbt fast immer vom Herzen aus. So lange dieses in der Brust sich zusammenzieht, und sei es noch so schwach, noch so mühsam, so lange lebt der Mensch – der letzte Herzschlag, und erst dann ist alles unwiederbringlich zu Ende."

Die Frage, wie man stirbt, hatte für uns Interesse, weil wir wissen wollten, welche Zellen im Zellenstaat zuerst versagen und das Sterben aller Zellen im Zellenstaat einleiten. Da ist es nach dem, was wir eben erfahren, wohl plausibel, daß die Herzmuskelzellen die Künder des Todes im Zellenstaat sind. Wo das Herz stillsteht, da sind die Zellen des ganzen Zellenstaates ohne Sauerstoff – da hat der Zellenstaat ausgelebt. Das ist uns klar.

Gut, das Herz steht still, und die Zellen im Zellenstaat beginnen zu sterben. Aber die Herzmuskelzellen sind noch nicht tot, wenn das Herz zu schlagen aufhört. Daß dem so ist, haben in schöner Weise Versuche gezeigt, die vor mehr als zehn Jahren der russische Physiologe Kuljabko ausgeführt hat. Kuljabko hat nämlich den erfolgreichen Versuch gemacht, das Herz eines toten Menschen wieder zu beleben. Auf den ersten Blick direkt Zauberei. Im Laboratorium aber hat sich die Zauberei in folgender Weise abgespielt. Kuljabko ließ sich aus einem Kinderkrankenhause in Petersburg nach der Leichenschau von Kindern, die an verschiedenen Krankheiten gestorben waren, die Herzen in sein Laboratorium bringen. Hier band er ein Glasröhrchen ins Herz und pumpte mit Hilfe eines automatischen Pumpapparates eine geeignet zusammengesetzte Salzlösung durchs Herz. Die Salzlösung hatte er vorher auf Körpertemperatur erwärmt und gut mit Sauerstoff durchlüftet. Launig ist es dabei zu hören, wie es Kuljabko beim ersten Versuch ergangen war. Nachdem er nämlich das Herz etwa eine Viertelstunde mit der Salzlösung durchspült hatte, war das Herz noch so leblos wie zuvor. Kuljabko wollte den Versuch eben abbrechen, weil er sich dachte, die Sache sei nun abgemacht, mit der Wiederbelebung eines Herzens aus der Brust des toten Menschen ginge es nicht. Da wurde er zufällig ins Nebenzimmer gerufen und ließ seinen Pumpapparat mit dem Herzen einstweilen noch stehen. Als er nach fünf Minuten zu seinem Pumpapparat zurückgekehrt war – da schlug das Herz! Das Herz des toten Kindes hatte wieder zu schlagen angefangen, nachdem es kaum eine halbe Stunde mit warmer und sauerstoffhaltiger Salzlösung durchspült worden war – beinahe vierundzwanzig Stunden nach dem Tode des Kindes. Kuljabko hat zehn solcher Versuche ausgeführt an den Herzen von Kindern, die an Lungenentzündung, Diphtherie, Genickstarre und Darmkrankheiten gestorben waren. In drei Fällen gelang die Wiederbelebung nicht, während sieben andere Versuche von Erfolg gekrönt waren. Gewöhnlich begannen nur einzelne Teile, nicht das ganze Herz wieder zu schlagen. Aber in einem Falle war die Wiederbelebung des Herzens vollständig gelungen: das Herz schlug regelrecht, genau so gut wie das Herz im lebendigen Körper. Siebzig bis achtzig Mal in der Sekunde schlug das Herz, und so ging es mehr als eine Stunde lang. Dann wurde der Herzschlag schwächer, und als am nächsten Tage der Versuch mit diesem Herzen wiederholt wurde, da war es für immer tot. Kuljabko hat seine Wiederbelebungsversuche auch an Kaninchenherzen ausgeführt und es gelang ihm, das Herz eines Kaninchens wieder zu beleben, das schon vor sieben Tagen verstorben war! Im Mittelalter wären Kuljabko als einem Hexenmeister reinsten Wassers Scheiterhaufen und Folterkammer sicher gewesen, wie ein bekannter Physiologe einmal gescherzt hat. Heutzutage ist es ihm besser ergangen.

Nun kann es sich aber in den Versuchen von Kuljabko nicht um eine Wiederbelebung von toten Zellen handeln. Eine Zelleiche kann nicht zum Leben erweckt werden: was zum Leben erweckt werden kann, ist noch nicht tot! In den Versuchen von Kuljabko war somit nur das allmähliche Sterben der Herzmuskelzellen, der Tod in seinem Hinkriechen über die Herzmuskelzellen aufgehalten, und der Tod war hier durch die Kunst des Physiologen ein gut Stück Weges zurückgeworfen.

Was wir aus den Versuchen von Kuljabko also lernen, das ist: daß die Herzmuskelzellen noch gar nicht tot zu sein brauchen, wenn das Herz stillsteht. An dieser Tatsache kann nach den Versuchen von Kuljabko nicht mehr gezweifelt werden. Aber warum steht denn das Herz still, wenn die Herzmuskelzellen noch nicht tot sind? Nun, die Herzmuskelzellen sind durch die Krankheit geschädigt: giftige Stoffe, die im Blute des Patienten kreisen, haben sie getroffen, oder Sauerstoffmangel, wie z. B. bei der Lungenentzündung, hat sich eingestellt, und die Herzmuskelzellen, die für ihre rastlose Arbeit der ununterbrochenen und reichlichen Sauerstoffzufuhr so sehr bedürfen, können jetzt ihre Arbeit nicht mehr so tun, wie es sich normalerweise gehört. Ein regelrechtes Zusammenarbeiten der Herzmuskelzellen, auf dem der Herzschlag beruht, ist jetzt nicht mehr möglich und das Herz steht still. Nun führen wir aber, wie in den Versuchen von Kuljabko, den Herzmuskelzellen genug Sauerstoff zu und spülen aus ihnen die Schlacken heraus, die sich in jeder schlechtatmenden Zelle zu einem Berge anhäufen. Auch die Gifte, mit denen die Herzmuskelzellen in der Krankheit überschwemmt worden sind, werden dabei mit entfernt. Die Herzmuskelzellen arbeiten jetzt wieder besser und der Herzschlag kommt wieder zustande.

Kuljabkos Versuche haben uns gezeigt, daß ein Herzstillstand und damit das schnelle Hinsterben aller Zellen im Zellenstaat schon eintreten kann, wenn die Herzmuskelzellen noch nicht tot sind, sondern nur erst eine Störung in ihrem Stoffwechsel durch Sauerstoffmangel oder durch Gifte erfahren haben. Aber wir kennen auch Fälle, wo die Herzmuskelzellen vollkommen gesund sind, und doch das Herz plötzlich seinen Dienst versagt und stillsteht. Das kommt zuweilen nach heftigen Gemütsbewegungen vor, nach einem heftigen Schlag auf den Kopf, nach starken Erschütterungen, denen der Körper ausgesetzt war. Für den Arzt ist hier der Zusammenhang zwischen der Schädigung des Gehirns und dem Herzstillstand ohne weiteres klar. Vom Gehirn geht nämlich ein Nerv seinen weiten Weg zum Herzen herunter – „Wandernerv" nennen ihn die Ärzte. So hat das Gehirn die Herrschaft auch über das Herz. Das Gehirn tut bei der Herzarbeit mit, unter seinem strengen Regiment tun all die vielen Herzmuskelzellen ihre gewohnte Arbeit. Und wenn es einmal eine Störung gibt in denjenigen Nervenzellen des Gehirnes – sie sind im „verlängerten Mark", in dem Verbindungsstück zwischen Gehirn und Rückenmark gelegen –, die der Herzarbeit vorstehen, dann kann die ganze geregelte Herzarbeit mit einem Male in die Brüche gehen. Ein über alle Maßen heftiger Impuls vom Gehirn, dessen Zellen durch eine starke Gemütsbewegung oder durch einen schweren Schlag sehr stark erregt worden sind, geht durch den Wandernerv zu den Herzmuskelzellen – und das hat sie aus Rand und Band gebracht. Die einzelnen Herzmuskelzellen aber können dabei ganz wohlauf sein: nur ihr Zusammenarbeiten geht dabei verloren. Namentlich machen sich solche Störungen, die vom Gehirn ausgehen, dann geltend, wenn auch die Herzmuskelzellen irgendwie geschädigt sind, z. B. bei allerlei Herzkrankheiten. Darum ist es so wichtig, daß ein Herzkranker keinen heftigen gemütlichen Erregungen – gleich, ob großer Freude oder großer Trauer – ausgesetzt wird: sein Herz kann unter Umständen stillstehen, die für ein gesundes Herz belanglos sind.

Der langen Rede kurzer Sinn aber ist folgender: Wie mannigfaltig auch die Krankheiten sind, die uns treffen, wir sterben alle so, daß das Herz infolge von Veränderungen in den Herzmuskelzellen oder infolge von Störungen in den Nervenzellen, die der Herzarbeit vorstehen, seinen Dienst im Zellenstaat versagt. Herzmuskelzellen und Nervenzellen brauchen dabei noch nicht tot zu sein: schon allerlei Schädigungen, die ihr Stoffwechsel erfährt und die eine geregelte Arbeit der Herzmuskelzellen unmöglich machen, können einen Stillstand des Herzens veranlassen. Und ist der Stillstand des Herzens da, so beginnen alle Zellen des Zellenstaates, eine Zellgruppe nach der andern, zu sterben.

Zu allererst sterben im Zellenstaat die Nervenzellen, die gegen Sauerstoffmangel sehr empfindlich sind. Andere Zellgruppen können noch recht lange am Leben bleiben. Daß die Herzmuskelzellen viele Stunden lang nach dem Eintritt des Herzstillstandes, viele Stunden, nachdem der Körper schon eine reglose Leiche geworden, noch am Leben sind, davon haben wir schon gehört. Es ist auch bekannt, daß die einzelnen Muskeln des Skeletts und andere Zellgruppen in unserem

Körper noch viele Stunden nach dem Eintritt des Herzstillstandes und nach dem Tode der Nervenzellen am Leben bleiben. Erst nach Ablauf mehrerer Tage ist der letzte Funken des Lebens im großen Zellenstaat erloschen …

So nimmt Gevatter Tod Besitz von uns, wenn er durch Krankheiten, die seine Späher und Häscher sind, sein Kommen uns kündet.

Nach vielem hin und her im Suchen und Forschen sind wir dahin gekommen, daß wir nun wissen, wie der Tod nach Krankheit über den Zellenstaat hinkriecht. Aber was wir eigentlich herausbekommen wollten, war doch etwas anderes: wie der Tod aus Altersschwäche von uns Besitz ergreift, wie wir aus Altersschwäche sterben. Das wollten wir wissen. Vom Tod durch Krankheit haben wir nur gesprochen, weil wir uns das Suchen leichter machen wollten. Und wirklich, das Suchen ist uns jetzt leicht gemacht: Unsere Aufmerksamkeit ist nun von vornherein auf zwei Zellgruppen im Zellenstaat gerichtet, die wir fest ins Auge fassen müssen – auf die Herzmuskelzellen und auf die Nervenzellen. Diese Zellgruppen hatten wir erkannt als die Künder des Todes im kranken Zellenstaat. Vielleicht sind sie es auch im alternden Zellenstaat. Sehen wir zu.

Wir haben schon früher erfahren, daß alle Organe im alternden Zellenstaat kleiner werden, und daß dieses Kleinerwerden der Organe auf einem Altersschwund der Zellen beruht. Was die Zellen im Alter leisten, ist nicht mehr das, was in jüngern Jahren ihre Arbeit war. Wir haben gehört, daß der Stoffwechsel der Zellen im alternden Zellenstaat eine ganz bedeutende Abnahme erfährt. Und da können wir uns wohl denken, daß die herabgesetzte Leistungsfähigkeit der Herzmuskelzellen schließlich zu einem Stillstand des Herzens führt: das Zusammenarbeiten der Herzmuskelzellen klappt nicht mehr und das Herz versagt. Um so mehr, als die Blutröhren, durch die das Herz das Blut zu treiben hat, nicht mehr so elastisch sind wie früher und dem schwachen, gealterten Herzen sogar noch mehr Arbeit zumuten als in jungen Tagen.

Und was noch hinzukommt: auch das Gehirn hat einen Altersschwund erfahren. Ja, wie Ribbert, dem wir eine geistvolle Studie über den Tod verdanken, darauf hingewiesen hat, unterliegt es gar keinem Zweifel, daß beim Sterben aus Altersschwäche die Veränderungen und Störungen im Gehirn und damit auch in denjenigen Nervenzellen, die der Atmung und der Herzarbeit vorstehen, noch mehr in die Wagschale fallen, als die Veränderungen in den Herzmuskelzellen selber.

Das Herz tut seinen Dienst bis ins hohe Alter hinein – rastlos und unermüdlich, wenn es auch nicht mehr so auf dem Posten ist wie einst im Mai. Dagegen machen sich im Denken des alternden Menschen stets Veränderungen geltend, die darauf hindeuten, daß die Störungen in den Nervenzellen sehr beträchtlich sind. Das reife Alter ist uns gekennzeichnet durch die große Erfahrung und die viele Kritik im Denken, die uns in allen Fragen des Lebens zugutekommt. Im Greisenalter aber versagt der Mensch in diesen beiden Dingen. Das Gedächtnis des Greises läßt nach, neuen Dingen wird er unzugänglich, gleichgültig ist er gegen die Umgebung. Und er wird unlogisch, einseitig, „egoistisch", wie man zu sagen pflegt, – es kommt die Zeit, wo nicht nur die Jugend, sondern auch der reife Mann in Konflikt gerät mit dem Greis. Mißtrauisch, launenhaft ist der Greis: weil alles, was die Jugend erfüllt, nicht mehr ist für den Greis, weil er nicht mithalten kann mit der Jugend. Alles in allem: die Intelligenz des Greises läßt nach, läßt allmählich nach, gleichsam, als ob er leise schmollend, weil er nicht mehr mitkann, hinter den anderen zurückbliebe, über die er sich früher erhaben gedünkt, erhaben gewesen, weil er ihnen früher mit großer Erfahrung voraus war. Dem, was uns die alltägliche Beobachtung über die Intelligenz der Greise lehrt, entsprechen vollkommen die Veränderungen, die man bei einer Untersuchung der Gehirne von Leuten findet, die in sehr hohem Alter gestorben sind. Man kann sagen, daß in keinem andern Organ die Altersveränderungen so weitgehend, so eingreifend sind, wie im Gehirn. Die Altersveränderungen im Gehirn, die man mit bloßem Auge sehen kann, haben wir schon früher erwähnt, und wir werden in einem späteren Kapitel noch die mikroskopisch sichtbaren Veränderungen kennen lernen, die die Nervenzellen im gealterten Zellenstaat aufweisen.

Die Abnahme der geistigen Fähigkeiten, die für das Greisenalter charakteristisch ist, kann nun natürlich nicht daran schuld sein, daß mehr oder weniger plötzlich ein Zeitpunkt kommt, wo das schnelle Sterben der Zellen im Zellenstaat beginnt. Bei manchen von Geburt mißbildeten Menschen, wie z. B. bei den sogenannten Mikrokephalen, d. h. den Kleinköpfen, ist die Großhirnrinde von vornherein so mangelhaft entwickelt, daß im Seelenleben dieser Menschen all das fehlt, was uns im großen Ganzen einen Menschen „Mensch" sein läßt. Und trotzdem können solche „Menschen" ein hohes Alter erreichen. Anderseits können Tiere, denen man das ganze Großhirn wegschneidet, trotz der sehr weitgehenden Störungen in ihrem ganzen Verhalten doch noch recht lange, sogar jahrelang leben. Aber der Tod droht von anderswo im Gehirn. Und da müssen wir zunächst von einem Tierversuch erzählen. Wird nämlich jener Teil des Gehirnes verletzt, in dem die Nervenzellen gelegen sind, die der Atmung vorstehen, so tritt sofort der Tod des Tieres ein. Wenn man z. B. einem jungen Hunde oder einem Kaninchen den

Kopf stark nach vorne neigt und ihm dann mit einem hohlen Metallröhrchen, dessen unterer Rand scharf geschliffen ist, in den Nacken sticht, tief und sicher genug, um das verlängerte Mark zu treffen, so steht die Atmung des Tieres momentan still. Kein Muskel von all denen, die bei den Atembewegungen mittun, regt sich mehr, das Tier ist momentan ohne alle Qual tot, ohne daß es auch nur die geringste Bewegung gemacht hat. Wie war das möglich? Einfach so, daß wir mit dem hohlen Metallröhrchen eine Gruppe von Nervenzellen im verlängerten Mark, die den Atembewegungen vorstehen und sie regulieren, aus dem verlängerten Mark direkt herausgeschnitten haben. Der Franzose Flourens, der in den vierziger Jahren des vorigen Jahrhunderts alle diese Dinge fleißig studiert und die Überzeugung der Gelehrten von der großen Bedeutung dieser Gruppe von Nervenzellen für das Zustandekommen der geregelten Atembewegungen endgültig gefestigt hat, hat diese Zellgruppe schlecht und recht den „Lebensknoten" genannt.

Nun müssen wir festhalten, daß natürlich nicht nur diejenigen Nervenzellen einen Altersschwund erfahren werden, die das Denken vermitteln. Auch diejenigen Nervenzellen, die der Atmung vorstehen und die Atembewegungen regulieren, werden im Alter arg mitgenommen sein. Und wenn die Störungen in dem fein abgestuften Mechanismus des Zusammenarbeitens dieser Nervenzellen weit genug fortgeschritten sind, dann geht dieser Mechanismus in die Brüche. Dann steht die Atmung plötzlich still und man ist tot. Man hat ausgehaucht – im wahrsten Sinne des Wortes.

Und auch noch das ist möglich: daß einmal die Nervenzellen versagen, die die Herzarbeit regulieren. Das alte Herz klappt dann zusammen. Wiederum – man hat ausgelebt.

So kommen wir nach all den vielen Dingen, die wir vom Sterben aus Altersschwäche erfahren haben, dahin, daß die Künder des Todes hier die Nervenzellen sind. Störungen in dem Mechanismus der Arbeit der Nervenzellen sind es, die das schnelle Sterben der gealterten Zellen im Zellenstaat einleiten.

Aber wir dürfen doch nicht sagen, der Tod aus Altersschwäche trete ein, weil bestimmte Zellen des Gehirnes einen Altersschwund erfahren haben. Das allein wäre falsch. Die Veränderungen, die die alternden Nervenzellen erfahren haben, sind nur ein Teil von all den Altersveränderungen, die sich im ganzen Zellenstaat abgespielt haben: alle andern Zellen im Zellenstaat sind auch gealtert. Und alle Zellen im Zellenstaat sind aufeinander angewiesen. Wenn z. B. die Nervenzellen, auf deren Mitarbeit die Herzmuskelzellen angewiesen sind, ihre Dienste nicht mehr tun, wie einst im Mai, dann zahlen sie dem Herzmuskel nur mit gleicher Münze heim. Denn die Nervenzellen sind, namentlich dann, wenn es schon just vor dem Ende war, vom alten Herzen aus arg mitgenommen worden, weil sie nun nicht mehr soviel Blut zugeführt bekommen konnten, wie es früher der Fall gewesen. Das rächt sich nun am Herzen – und so geht das hin und her im alternden Zellenstaat. Und auch alle andern Zellen im Zellenstaat tun nur mangelhaft ihre Arbeit. Die Leber und die Nieren, die für das Herausschaffen der Schlacken im Körper zu sorgen haben, sind im Rückstand, die Drüsen, die allerlei Stoffe ans Blut abzugeben haben, lassen auf sich warten. Und schließlich ist die Stunde da, wo die Nervenzellen, die der Atmung und dem Herzen vorstehen, versagen, und dann beginnt das schnelle Hinsterben der Zellen im Zellenstaat.

Es ist also mit dem Sterben aus Altersschwäche so bestellt, daß im Verlauf der vielen Störungen in den Zellen alle Zellen im Zellenstaat einander die Grube graben – und fallen alle selbst herein.

Nun wissen wir, wie der Tod aus Altersschwäche kommt. Aber warum er kommt? Darauf hinaus wollten wir ja: zu wissen, warum wir alt werden und sterben.

Aber alles „warum" in der Wissenschaft ist stets nur ein anderes „wie": wenn wir wissen wollen, warum wir sterben, müssen wir einfach herauszubekommen suchen, wie die Altersveränderungen in den Zellen des Zellenstaates zustandekommen, die zum Tode des Zellenstaates führen, wie die Zellen im alternden Zellenstaat atrophisch werden. Wir wissen aber, daß alles Leben der Zellen in letzter Linie auf dem Stoffwechsel der Zellen beruht. So müssen wir denn versuchen, die Altersveränderungen der Zellen im Zellenstaat auf eine Störung im Stoffwechsel der Zellen des vielzelligen Organismus zurückzuführen, auf eine Störung, die im Verlaufe des Lebens der Zellen im Zellverband entsteht. Und weil wir erfahren haben, daß die Nervenzellen allen andern Zellen des Zellverbandes voraus sind mit dem Versagen im Dienst, so werden wir die Nervenzellen vor allem fest ins Auge fassen, um an ihnen herauszubekommen, wie im Laufe des Lebens des Zellenstaats die Zellen alt werden und den Zellenstaat zugrunde richten.

Um das aber herauszubekommen, müssen wir vorerst noch der Lebensgeschichte eines Pantoffeltierchens mit aller Aufmerksamkeit zuhören. Die also soll nun erzählt werden.

8. Lebensgeschichte eines Pantoffeltierchens.

Wir haben uns über das Leben eines Pantoffeltierchens schon früher einmal eine ganze Menge von einem amerikanischen Forscher erzählen lassen.[2] Und was dabei für uns namentlich in Betracht kam, war die Tatsache, daß das Pantoffeltierchen unter günstigen äußeren Umständen unsterblich ist. Unsterblich in dem Sinne, daß es in der Lebensgeschichte eines Pantoffeltierchens, wenn kein Unglück es trifft, auch in der 3000. Generation noch nicht zur Entstehung einer Leiche kommt. Die Mutterzelle teilt sich in zwei Tochterzellen auf, die sich, wenn der Zeitpunkt gekommen, wieder in zwei Tochterzellen teilen, und so fort.

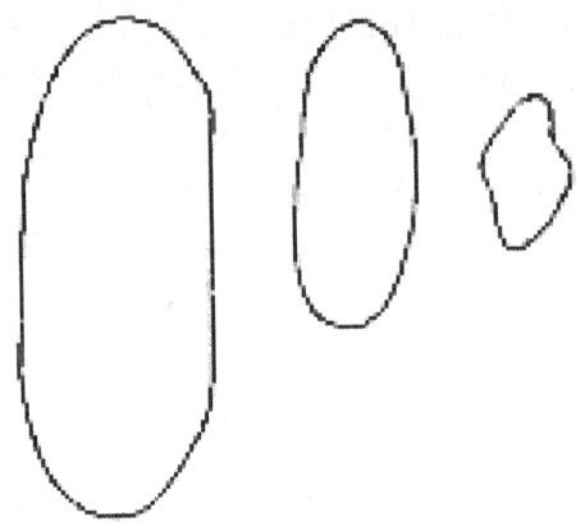

Abb. 18. Die Konturen von Infusorien verschiedener Generationen. Man sieht die Größenabnahme der Zelle. Nach Maupas. Schematisiert.

Obgleich man die Art und Weise, wie sich die einzelligen Lebewesen fortpflanzen, schon seit langer Zeit kannte, ist ihre Unsterblichkeit doch erst in jüngster Zeit durch die Untersuchungen von Woodruff nachgewiesen worden. Weismann vertrat allerdings schon vor mehr als dreißig Jahren mit aller Entschiedenheit die Meinung, daß die Einzelligen unsterblich sind. Aber es waren im Laufe der Jahre allerlei merkwürdige Dinge aus dem Leben der Einzelligen bekannt geworden, die eine gegenteilige Meinung aufkommen lassen mußten. Die Meinung, daß es auch bei den Einzelligen einen Tod aus Altersschwäche gibt. Von diesen merkwürdigen Dingen hat in großen Zusammenhängen der Franzose Maupas zu erzählen gewußt.

Maupas hat in seinen Mußestunden, die ihm sein Beruf als Bibliothekar nur hin und wieder ließ, fleißige Untersuchungen über das Leben der Einzelligen ausgeführt und er hat sich damit ein dauerndes Denkmal in der Biologie gesetzt. Er hat im Laufe der Jahre die Lebensgeschichte von zwanzig verschiedenen Arten von Einzelligen studiert, die Lebensgeschichte des Pantoffeltierchens und seiner Verwandten, der „bewimperten Infusionstierchen“, wie der wissenschaftliche Ausdruck lautet. Und eben dabei hatte er die Dinge gefunden, die der Auffassung von Weismann über die Unsterblichkeit der Einzelligen zu widersprechen schienen. Maupas beobachtete die sich folgenden Teilungen bei Infusorien, und er fand, daß die Teilungsfähigkeit bei Einzelligen nicht unbegrenzt sei. Nach einer bestimmten Anzahl von Teilungen sah er bei allen Arten, die er in seinen Versuchen züchtete, Veränderungen in den Tieren auftreten, die er als Alterserscheinungen deutete. Nach 100, 200 oder 300 Teilungen, je nachdem, wollten die Infusionstierchen in den Aquarien, in denen sie gehalten wurden, sich nicht mehr so schnell teilen wie früher: es dauerte nunmehr länger, bis eine Mutterzelle so weit war, sich in zwei Tochterzellen aufzuteilen. Und obgleich den Tieren im Aquarium reichlich Nahrung zur Verfügung stand, wollten sie nichts mehr essen. Sah man sich die Tiere zu diesem Zeitpunkt genauer mit dem Mikroskop an, so konnte man zunächst bemerken, daß sie an Größe abgenommen hatten (Abb. 18): die Länge der Tiere ging z. B. von 0,160 Millimeter fortschreitend auf 0,135, 0,110, 0,090, 0,070, 0,045 und 0,040 Millimeter herunter. Ihr Körper war durchsichtig geworden, und schließlich hatten die Tiere einen Teil ihrer Wimperhärchen eingebüßt; auch der Kern zeigte weitgehende Veränderungen. Jedoch konnten sich die Tiere auch in diesem Zustande noch teilen, aber, wie schon erwähnt, der Zeitraum zwischen den einzelnen Teilungen war nun verlängert. Schließlich, wenn die Tiere schon sehr klein und die Veränderungen in ihrem Körper schon sehr auffallend geworden waren und sie schon zahlreiche Wimpern verloren hatten, hörten sie ganz auf sich zu teilen und starben. Sie wurden zu Leichen. „So altert und stirbt das Infusor aus Altersschwäche," sagt Maupas, und er kommt zum Schluß, daß die Einzelligen keine Ausnahme machen von der allgemeinen Regel, die für alle lebendige Substanz gilt. Nach Maupas gehört somit der Tod unbedingt zum Leben und alles Leben mündet nach ihm in den Tod. Es gibt nach Maupas keine Unsterblichkeit der lebendigen Substanz.

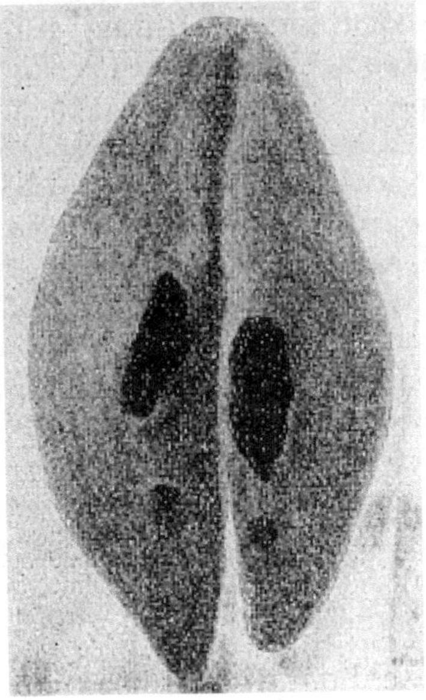

Abb. 19. Kopulation von Pantoffeltierchen. Man sieht im Protoplasma den Großkern und den Kleinkern liegen. Nach einer Photographie von Prof. H. Joseph, aus Kammerer, Bestimmung und Vererbung des Geschlechts.

Später haben auch noch andere Forscher dieselben Beobachtungen an Einzelligen gemacht wie Maupas. Sehr bekannt sind die Untersuchungen geworden, die vor dreizehn Jahren der amerikanische Zoologe Calkins ausgeführt hat. Wie schon Maupas hat auch Calkins gefunden, daß im Verlauf der aufeinanderfolgenden Teilungen des Pantoffeltierchens, etwa nach der 90. bis 170. Generation, ein Zustand eintritt, wo die Tiere an Größe abnehmen und sich nicht mehr so schnell teilen wie vorher, bis sie schließlich ihre Teilungsfähigkeit ganz einbüßen. Calkins – wie übrigens auch schon Maupas – hatte auch unregelmäßige Teilungen beobachtet, unvollständig geteilte Mutterzellen, gewissermaßen „Mißbildungen“, die entstehen, wenn die begonnene Teilung der Mutterzelle nicht mehr zu ihrem normalen Abschluß kommt.

Jetzt müssen wir noch von einer anderen Beobachtung erzählen, die Maupas gemacht hatte. Wenn zwei Tiere zu einem Zeitpunkt, wo die „Altersveränderungen“ noch nicht bemerkbar waren, miteinander verschmolzen, „kopulierten“, um nach einiger Zeit wieder auseinander zu gehen, so wurden sie „verjüngt“, sie wurden vom „Altern“ verschont. Die Kopulation der Infusorien ist von zahlreichen Forschern studiert worden. Zwei Tiere legen sich aneinander (Abb. 19), verschmelzen gewissermaßen für kurze Zeit, wobei ein teilweiser Zerfall der Kernsubstanzen beider

Tiere und ein Austausch von Kernsubstanz zwischen ihnen stattfindet. Dann gehen die Tiere wieder auseinander. Die zahlreichen Einzelheiten der Kopulation interessieren uns hier nicht. Calkins hat gefunden, daß nicht nur die Kopulation die Tiere den schlimmen Zustand überwinden läßt, sondern auch noch allerlei einfache Reizmittel, wie Veränderungen in der Zusammensetzung der Nährflüssigkeit, Temperatursteigerungen und Schütteln. Calkins sagt, die Infusorien verfallen im Laufe der Teilungen nach so und so viel Generationen in einen Depressionszustand, und diesen Zustand überwinden sie eben, wenn ihnen die Kopulation oder allerlei Reizmittel zugutekommen.

Ob wir nun die Veränderungen, die der Organismus der Einzelligen im Laufe der Zeit erfährt, mit Maupas als Altersveränderungen oder mit Calkins als Depressionszustände bezeichnen, das bleibt sich gleich. Tatsache ist, daß die einzelligen Lebewesen nach einer bestimmten Anzahl von Generationen Veränderungen erfahren können, die, wenn sie nicht durch Kopulation oder verschiedene Reizmittel behoben werden, unweigerlich zum Tode der Tiere führen. Die Einzelligen sind also unter gewissen Umständen sterblich wie die lebendige Substanz der vielzelligen Tiere. Wie tiefgreifend die Veränderungen sind, die der Stoffwechsel der Zelle im Depressionszustand erfährt, haben uns die Untersuchungen von Richard Hertwig an einem Strahlentierchen gezeigt (Abb. 20, 21 u. 22). Ja, so stirbt das Einzellige, das wir früher einmal als unsterblich gefeiert!

Da sind wir in einen Sumpf von Widersprüchen hineingeraten, und der Leser meint vielleicht, ich sei dran schuld, daß wir in diese widerspruchsvolle Lage hineingekommen sind. Da irrt er aber sehr: denn die Tatsachen sind es, die daran schuld sind.

Wir müssen versuchen, aus diesem Sumpf der Widersprüche herauszukommen. Wohlan – wir werden eine ganze Menge dabei lernen.

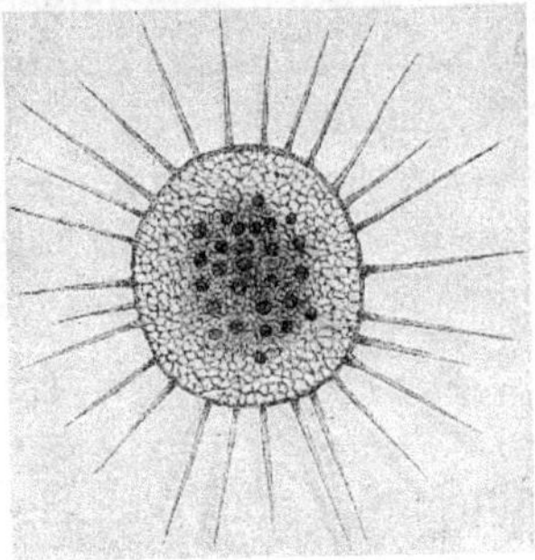

Abb. 20. Beginnende Depression: die Kernmasse ist vermehrt, die Scheinfüßchen sind alle noch normal.

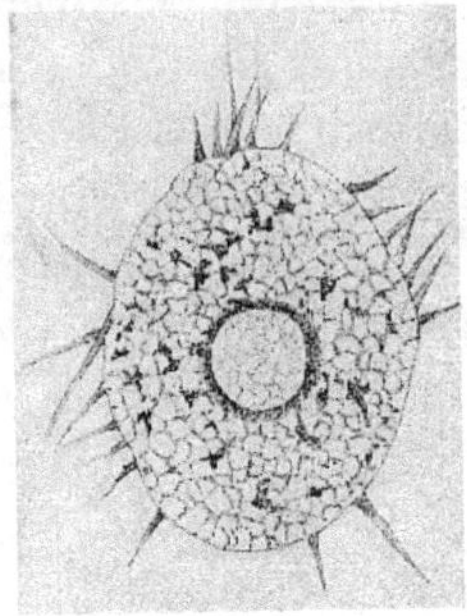

Abb. 21. Weiter fortgeschrittenes Stadium der Depression: es hat sich ein „Riesenkern“ gebildet, die Scheinfüßchen sind wirr angeordnet und nur spärlich vorhanden.

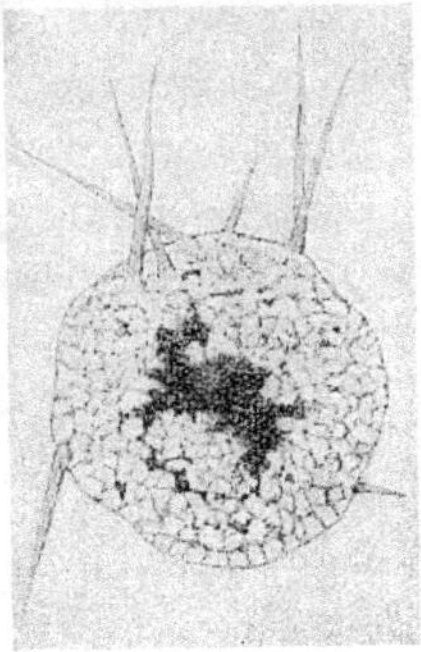

Abb. 22. Dasselbe Tier wie Abb. 21, einen Tag später: der Riesenkern ist ausgestoßen, es sind nur noch einige wenige Scheinfüßchen vorhanden. Abbildungen 20, 21, 22. Depression des Strahlentierchens. Nach Richard Hertwig.

Auf Grund der Untersuchungen von Woodruff waren wir früher zur Ansicht gelangt, daß die Einzelligen unsterblich sind. Die Beobachtungen von Maupas, Calkins und Richard Hertwig haben uns anscheinend das Gegenteil gezeigt, – daß auch die Einzelligen alt werden und sterben. Wenn wir nun diesen Widerspruch lösen wollen, müssen wir zunächst der Frage nachgehen, ob nicht vielleicht die Versuchsbedingungen bei Woodruff auf der einen Seite und bei Maupas, Calkins und Richard Hertwig auf der andern Seite verschieden gewesen sind. Das ist tatsächlich der Fall gewesen. Woodruff hat, wie wir schon früher erfahren haben,[3] die Tochterzellen nach jeder Teilung in frische Nährlösung gebracht. So ist es ihm denn gelungen, mehr als 3000 Generationen von

Pantoffeltierchen im Laufe von fünf Jahren zu züchten, ohne daß seine Versuchstiere in einen Depressionszustand verfallen wären oder Altersveränderungen zeigten. Anders aber in den Versuchen von Maupas, Calkins und Richard Hertwig. Hier verblieben die Tiere über mehrere Tage hinaus in derselben Nährlösung. Was hat aber dieser Unterschied in den Versuchsbedingungen zu bedeuten? Auf den ersten Blick mag es dem Laien scheinen, daß das doch eigentlich gar nichts zu sagen habe. Aber, wie wir heute wissen, hat das für den Betrieb des Stoffwechsels der Pantoffeltierchen in der Nährlösung sehr viel zu bedeuten. In die Nährlösung gelangen die Stoffwechselprodukte hinein, die im Stoffwechsel der in ihr lebenden Pantoffeltierchen gebildet werden, die Schlacken, die im Leben einer jeden Zelle entstehen. Diese Schlacken müssen aus den Zellen herausgeschafft werden, wenn die Zellen nicht geschädigt werden sollen. Genau so, wie die Asche aus der Dampfmaschine entfernt werden muß, wenn der ganze komplizierte Apparat der Dampfmaschine nicht bald in die Brüche gehen soll. Wenn aber die Stoffwechselprodukte der Zellen sich im Laufe einiger Zeit in der Nährlösung anhäufen, so wird es dadurch den Zellen schwer gemacht, sich ihrer Stoffwechselprodukte zu entledigen. Denn je mehr Schlacken in der Nährlösung schon enthalten sind, desto schwieriger geht die Ausscheidung der Schlacken aus den Zellen vor sich. Worauf diese Schwierigkeit beruht, das ist eine Frage für sich. Hier ist für uns nur wichtig festzuhalten, daß eine Anhäufung von Stoffwechselprodukten in der Nährlösung eine Anhäufung von Schlacken auch in den Zellen bedingen muß. Die Anhäufung von Stoffwechselprodukten aber stört den Ablauf des Stoffwechsels der Zelle, stört den Ablauf des Lebens und bringt die Tiere um.

Wenn diese Betrachtungen richtig sind, dann wäre der Widerspruch, der uns beunruhigte, gelöst und die Unsterblichkeit der Einzelligen gerettet. Das, was Maupas, Calkins und Richard Hertwig an Altersveränderungen oder an Depressionszuständen bei den Einzelligen beobachtet haben, wäre dann kein Altern und kein Zustand, wie er in den Lauf der Dinge im Leben der Einzelligen unbedingt hineingehörte, sondern eine krankhafte Störung wie tausend andere auch, die die Zelle töten können.

Da müssen wir schon genau zusehen, ob all das, was man an „Altersveränderungen" oder an Depressionszuständen bei den Einzelligen beobachtet hat, wirklich auf eine Anhäufung von Stoffwechselprodukten und auf eine dadurch bedingte Schädigung der Zellen zurückgeführt werden könnte.

Ausgedehnte Versuche über die Art und Weise, wie die Nährlösung die Pantoffeltierchen zu beeinflussen vermag, wenn die Stoffwechselprodukte sich in ihr anhäufen, darüber, wie die

Stoffwechselprodukte, wenn sie nicht regelrecht aus dem Körper ausgeschieden werden, die Einzelligen schädigen, verdanken wir wiederum Woodruff. Wir werden später noch sehen, wie diese Versuche von Woodruff die Lehre vom Tode des vielzelligen Organismus in ganz hervorragender Weise gefördert haben. Zunächst aber wollen wir die nackten Tatsachen kennen lernen, die Woodruff hier festgestellt hat.

Der grundlegende Versuch, mit dem Woodruff gewissermaßen schon alle seine weitern Versuche vorweggenommen hatte, bestand in folgendem. Die zwei Tochterzellen eines Pantoffeltierchens, das schon der 1021. Ur … Urenkel eines „wilden" Pantoffeltierchens war, wurden jede unter verschiedenen Bedingungen weitergezüchtet. Während die Tochterzellen der einen Stammzelle nach jeder neuen Teilung in frische Nährlösung gebracht wurden, blieben die Tochterzellen der andern Stammzelle jeweils mehrere Generationen hindurch, mehrere Tage lang, in ein und derselben Nährlösung, genau so wie das in den Versuchen von Calkins der Fall war.

Schon bald nachdem die beiden Stamm-Tochterzellen in verschiedene Lebensbedingungen gekommen waren, war die Teilungsgeschwindigkeit bei demjenigen Stamm, bei welchem die Nährlösung nicht so häufig frisch gewechselt wurde, geringer geworden. Ganz augenfällig wurde der Unterschied im Verhalten der beiden Stämme einige Monate später, wo die Teilungsgeschwindigkeit bei dem zweiten Stamm mehr und mehr zu sinken begann. Die Pantoffeltierchen teilten sich jetzt nur etwa alle zwei Tage einmal. Bald hörten die Tiere des zweiten Stammes ganz auf sich zu teilen und starben, während die Tiere des ersten Stammes noch genau so munter waren wie vor vier Monaten, als der Versuch begonnen hatte. Im ersten Stamm hatte es im Laufe der 107 Tage, die der Versuch währte, 179 Generationen gegeben, im zweiten Stamm bloß 138 Generationen.

Dieser Versuch von Woodruff sagt uns eine ganze Menge. Ein wildes Pantoffeltierchen hatte sich fortlaufend 1021 mal geteilt, hatte 1021 Generationen erzeugt, solange die Tochterzellen nach jeder neuen Teilung in frische Nährlösung gebracht wurden. Und die Nachkommen dieses 1021. Ur … Urenkels waren noch 179 Generationen lang so munter wie je zuvor. Hatte man es aber unterlassen, die Tiere nach jeder Teilung in frische Nährlösung zu bringen, so nahm die Teilungsgeschwindigkeit allmählich ab: statt 179 Generationen wurden in demselben Zeitraum 138 erzeugt und die Tiere gingen schließlich zugrunde. Warum? Aus „Altersschwäche" hätte Maupas gesagt. Weil sie in einem „Depressionszustand" waren, der in die Lebensgeschichte eines jeden Pantoffeltierchens normalerweise hineingehört, hätte Calkins behauptet. Woodruffs Doppelversuch sagt uns aber, daß diejenigen Pantoffeltierchen, die im Laufe der Generationen an Teilungsfähigkeit einbüßten und schließlich starben, einfach geschädigt worden waren dadurch, daß man es unterlassen hatte, die Tiere nach jeder Teilung in frische Nährlösung zu bringen. Was Maupas und Calkins an „Altersschwäche“ und „Depression“ bei Einzelligen beobachtet haben, war also wirklich nichts anderes als eine Schädigung der Tiere durch die Nährlösung, in der ihre Versuchstiere über mehrere Generationen hinaus verbleiben mußten. Es brauchen also die Pantoffeltierchen gar nicht unbedingt zu altern und die Depression gehört gar nicht unbedingt in die Lebensgeschichte eines Pantoffeltierchens hinein.

Es ist allerdings sehr wahrscheinlich, daß die Pantoffeltierchen auch in der freien Natur Schädigungen unterliegen, wie in den Versuchen von Maupas und Calkins und daß es dabei zu Depressionszuständen bei ihnen kommen muß, wie sie Maupas und Calkins bei ihren Versuchstieren beobachtet haben. Aber dadurch wird nichts an der Tatsache geändert, daß, wie die Versuche von Woodruff uns gezeigt haben, dieses „Altern“ und diese „Depression“ nicht unbedingt in den Lebenslauf des Pantoffeltierchens hineingehören und daß das Pantoffeltierchen, wenn es von allerlei Schädigungen frei bleibt, wirklich unsterblich ist.

Da es in einer Nährlösung, in der die Versuchstiere einige Zeit drin bleiben, von Bakterien wimmelt, die den Pantoffeltierchen als Nahrung dienen, so kann die Schädigung der Pantoffeltierchen in der Nährlösung nicht auf einem Nahrungsmangel beruhen, worauf wir übrigens schon bei der Beschreibung der Versuche von Maupas hingewiesen haben. Es bleibt nur eine Annahme übrig: daß die Pantoffeltierchen in einer solchen Nährlösung geschädigt werden durch Stoffe, die sie selber in die Nährlösung hineinbringen, durch Stoffwechselprodukte oder durch Schlacken, die in ihrem Stoffwechsel entstehen.

Woodruff hat durch zahlreiche weitere Versuche diese Annahme gestützt. Er hielt seine Pantoffeltierchen in verschieden großen „Tropfen-Aquarien“, die zwei, fünf, zwanzig und vierzig Tropfen Nährlösung fassen konnten, und es zeigte sich, daß die Teilungsgeschwindigkeit seiner Versuchstiere um so größer war, je mehr Tropfen Nährlösung ihr Aquarium enthielt. Diese Versuche sagen uns, daß die Teilungsgeschwindigkeit um so größer ist, je leichter es für die Pantoffeltierchen ist, sich ihrer Schlacken zu entledigen: es ist eben für die Pantoffeltierchen um so leichter ihre Schlacken nach außen abzugeben, je größer die Flüssigkeitsmenge ist, von der sie umspült werden und in der sich die Abfallstoffe verteilen können.

Wir müssen an dieser Stelle auch eines etwas älteren Versuches von Pütter gedenken, in dem eine noch stärkere Anhäufung von Schlacken im Aquarium-Wasser erzielt wurde. Pütter brachte eine größere Anzahl von

Pantoffeltierchen in einem kleinen Tropfen Wasser unter das Mikroskop. Obgleich die Tiere genug Sauerstoff bekamen – denn Pütter ließ den Wassertropfen an der Luft stehen – wurden die vielen Pantoffeltierchen, die in dem Wassertropfen beisammen waren, schon im Verlauf weniger Stunden soweit geschädigt, daß sie aufhörten, mit den Wimpern zu schlagen und schließlich stillstanden. Genau so, wie wenn man die Tiere z. B. mit Alkohol vergiftet. Brachte Pütter normale Tiere in den Tropfen mit den geschädigten Tieren hinein, so wurden die frischen Tiere schon innerhalb eines viel kürzern Zeitraums geschädigt. Übertrug Pütter die geschädigten Tiere aus ihrem Wassertropfen in frisches Wasser, so erholten sich die Pantoffeltierchen wieder – vorausgesetzt natürlich, daß ihre Schädigung noch nicht zu weit gegangen war.

Dieser Versuch von Pütter stützt in ausgezeichneter Weise die Annahme, daß die „Altersveränderungen" und die „Depressionszustände", wie sie Maupas, Calkins und Richard Hertwig im Gegensatz zu den Befunden von Woodruff bei den Einzelligen festgestellt haben, auf einer Schädigung der Tiere durch Stoffwechselprodukte beruhen, die sich in der Nährlösung anhäufen, wenn man die Tiere mehr oder weniger lange Zeit in ein und derselben Nährlösung beläßt. Denn in dem Versuch von Pütter, wo die Tiere innerhalb weniger Stunden oder eines noch kürzeren Zeitraumes geschädigt wurden, kann es sich doch nur um eine Wirkung von Stoffwechselprodukten handeln. Von einem Nahrungsmangel kann innerhalb eines so kurzen Zeitraumes unmöglich die Rede sein. Auch sterben Pantoffeltierchen aus Hunger unter anderen Erscheinungen ab. Und außerdem erholten sich ja die Tiere in frischem Wasser wieder.

Woodruff hat schließlich Versuche veröffentlicht, die uns mit unleugbarer Sicherheit sagen, daß die schädigende Wirkung eines Aufenthaltes in nicht frischen Nährlösungen ausschließlich auf einer Überhäufung der Nährlösung mit Stoffen beruht, die aus dem Stoffwechsel der Zellen stammen. Woodruff hat sich nämlich gefragt, ob die Stoffwechselprodukte, die von den verschiedenen Verwandten des Pantoffeltierchens ausgeschieden werden, schädigend auch auf unser Pantoffeltierchen wirken. Er hielt die eine Tochterzelle des Pantoffeltierchens, das den wissenschaftlichen Namen *Paramaecium aurelia* trägt, in frischer Nährlösung, die andere Tochterzelle in einer Nährlösung, die von Schlacken erfüllt war, die von *Paramaecium caudatum* stammten. Die beiden Pantoffeltierchen-Arten sind einander sehr ähnlich, sie sind miteinander sehr nahe verwandt. Woodruff fand, daß die Schlacken von *Paramaecium aurelia* auf *Paramaecium caudatum* genau so wirken, wie die Schlacken von *Paramaecium aurelia* selber. In der mit Schlacken von *Paramaecium caudatum* erfüllten Nährlösung sank die Teilungsgeschwindigkeit von *Paramaecium aurelia* sofort ab, bis schließlich die Tiere in dieser Nährlösung zugrunde gingen. Nun benutzte aber Woodruff für weitere Versuche eine Nährlösung, in der ein entfernterer Verwandter des Pantoffeltierchens, die sogenannte *Pleurotricha* gehalten worden war. Und siehe da! In der Nährlösung, die mit den Stoffwechselprodukten von *Pleurotricha* erfüllt war, gediehen die Pantoffeltierchen völlig normal. Nun machte Woodruff folgenden Kreuzversuch. Er züchtete die Tochterzellen von *Pleurotricha*: die eine Tochterzelle in frischer Nährlösung, die andere in einer Nährlösung, die mit den Stoffwechselabfällen von Pantoffeltierchen erfüllt war. In der Nährlösung, die mit den Stoffwechselprodukten von Pantoffeltierchen erfüllt war, gediehen die *Pleurotricha*-Tiere völlig normal. Diese Versuche sagen uns, daß die schädigende Wirkung einer Nährlösung, in der Pantoffeltierchen lange verbleiben, einzig und allein darauf beruhen kann, daß sich Stoffe in der Nährlösung anhäufen, die die Tiere in ihrem Stoffwechsel **selber** produzieren.

Nach alledem ist uns klar, daß das „Altern" oder die „Depression", die die Pantoffeltierchen nach einer Reihe von Generationen erleiden, auf einer Schädigung durch Stoffwechselprodukte beruhen, die von den Tieren selber erzeugt werden.

Unsere Betrachtungen führen uns also dahin, daß die eigentümlichen Veränderungen, die Maupas, Calkins, Richard Hertwig und andere Forscher an den Einzelligen nach einer Anzahl von Teilungen oder Generationen beobachtet haben, nicht Altersveränderungen sind, wie sie in die Lebensgeschichte einer Zelle unbedingt hineingehören, sondern daß sie auf einer Schädigung beruhen, die durch eine Anhäufung von Stoffwechselprodukten in der Zelle hervorgerufen werden.

Man könnte nun meinen, daß somit die Untersuchungen von Maupas, Calkins und Richard Hertwig in gar keiner Beziehung zum großen Problem des natürlichen Todes stünden, und daß wir vielleicht besser getan hätten, den Leser, der auf eine Antwort über den natürlichen Tod, über den Tod aus Altersschwäche wartet, mit all diesen Dingen zu verschonen. Aber die Sache liegt eben so, daß alle diese Untersuchungen für das Problem des natürlichen Todes von einschneidender Bedeutung sind.

Wenn wir sagen sollen, was die Veränderungen sind, die Maupas und Calkins als „Altersveränderungen" oder „Depression" an ihren Tieren beobachtet haben, so ist es, ganz allgemein, ein allmählich zunehmender Zellschwund, der sich im Laufe der Generationen bemerkbar macht. Man werfe nur einen Blick auf Maupas' Zahlen und auf die Abbildungen, die uns die Größenabnahme der Einzelligen im Laufe der Generationen in den Versuchen von Maupas zum Ausdruck bringen.[4] Auch Calkins und andere Forscher haben gefunden, daß die „Depression" der Einzelligen durch eine Größenabnahme der Zelle gekennzeichnet ist. Sobald die Größenabnahme weit genug fortgeschritten ist, tritt der Zeitpunkt ein, wo die Zelle stirbt. Die Tatsache, daß die Zellen nach einer Reihe von Generationen an Größe abnehmen, müssen wir in dem Sinne auffassen, daß im Stoffwechsel der Zellen eine Störung eingetreten war, die es ihnen dauernd unmöglich gemacht hat, genug an Stoffen von außen aufzunehmen, um den Stoffverbrauch, der im Stoffwechsel geschieht, zu decken. Wir wissen aus unsern Betrachtungen, daß diese Störung im Stoffwechsel der Einzelligen auf einer Überladung ihres Körpers mit Stoffwechselprodukten beruht.

Auf der anderen Seite wissen wir aus früheren Erörterungen, daß die Veränderungen, die die Zellen des alternden Zellenstaates erfahren, eine Atrophie, ein richtiger Zellschwund sind. Und wir hatten es als unsere Aufgabe bezeichnet, diese Altersatrophie der Zellen im Zellenstaat in letzter Linie auf eine Störung in ihrem Stoffwechsel zurückzuführen, die im Laufe des Lebens der Zellen im Zellenstaat sich immer mehr und mehr bemerkbar macht. Nach den vorhergegangenen Feststellungen müssen wir uns nun fragen, ob nicht auch die Altersatrophie der Zellen im Zellenstaat auf einer Überladung der Zellen mit Stoffwechselprodukten beruhen könnte. Wir haben hier einen Zellverband vor uns, in dem viele Zellen zusammenleben. Vielleicht liegt nun hier die Sache so, daß die Zellen im Zellverband nicht so recht die Möglichkeit haben, die Schlacken ihres Stoffwechsels nach außen abzugeben – genau so wie die Pantoffeltierchen in den Versuchen von Maupas und Calkins. Gelingt es uns, den Nachweis zu führen, daß im Laufe des Lebens in den Zellen des Zellenstaates eine Anhäufung von Schlacken stattfindet, die wegen des Zusammenlebens der Zellen im Zellverband nicht schnell genug aus den Zellen herausgeschafft werden können, so sind wir im Problem des natürlichen Todes der vielzelligen Tiere ein gut Stück vorwärts gekommen: wir hätten dann eine Störung im Stoffwechsel der Zellen im Zellenstaat aufgedeckt, die die Altersatrophie der Zellen hervorruft und schließlich die Zellen und damit den ganzen Zellenstaat zugrunde richtet.

Sehen wir also zu, ob dieser Nachweis möglich ist. Suchen werden wir vor allem in den Nervenzellen: denn wir wissen schon, daß die Nervenzellen allen andern Zellen im Zellenstaat im Altwerden vorausgehen.

9. Jugend und Alter der Nervenzellen.

Die Nervenzellen wollen wir besonders ins Auge fassen, weil wir uns überzeugt haben, daß die Altersveränderungen, die das Gehirn erfährt, sehr beträchtlich sind, und weil sich uns ergeben hat, daß das Versagen bestimmter Teile des Gehirnes das schnelle Hinsterben der andern gealterten Zellen des Zellenstaates einleitet.

Eine ganze Anzahl von Forschern hat sich mit der Frage befaßt, worin die Veränderungen bestehen, die die Nervenzellen im Alter erfahren. Daß sie im hohen Alter an Größe abnehmen, wissen wir schon. Aber noch eine andere Veränderung hat man an den gealterten Nervenzellen beobachtet, und diese interessiert uns hier ganz besonders.

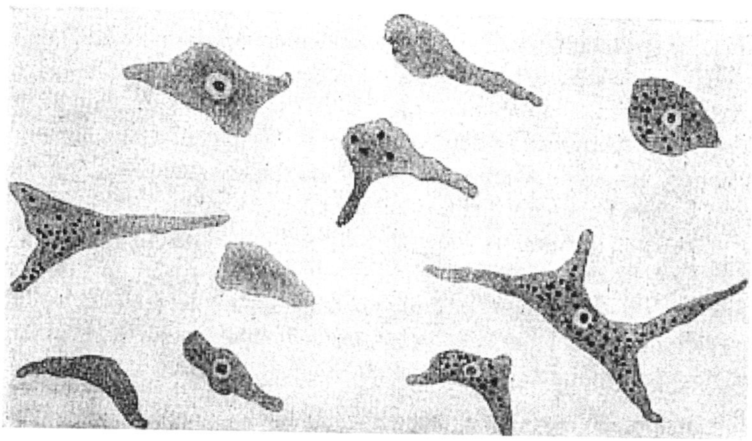

Abb. 23. Nervenzellen aus dem Rückenmark eines im Alter von 3 Jahren verstorbenen Knaben. Die mit Osmiumsäure schwarz gefärbten Körnchen sind über die ganze Zelle verstreut. Manche Zellen sind von Körnchen ganz frei. (In manchen Zellen hat der Schnitt den Zellkern nicht mitgetroffen).

Es ist das große Verdienst von Mühlmann, einem russischen Forscher, unsere Erkenntnis über die Altersveränderungen der Nervenzellen in beinahe zwanzigjähriger mühseliger Forscherarbeit gefördert zu haben. Man hatte gefunden, daß in den Nervenzellen alter Leute kleine, fettglänzende Körnchen und dunkle Stäubchen oder Pigment vorkommen, und man nahm zunächst an, daß das Vorkommen von Fettkörnchen und Pigment in den Nervenzellen mit irgendwelchen Krankheiten der alten Leute zusammenhängen müsse. Hier haben nun die Untersuchungen von Mühlmann eingegriffen. Er beschränkte sich nicht darauf, die Nervenzellen bloß alter Leute auf ihren Gehalt an den fraglichen Fett- und Pigment-Körnchen zu untersuchen. Er untersuchte auch die Nervenzellen von Menschen, die schon in jugendlichem Alter gestorben waren. So hat er im Laufe der Zeit die Nervenzellen von Leuten untersucht, die im Alter von 1, 2, 3, 8, 15, 18, 19, 24, 26, 29, 38, 48, 53, 60, 70, 83 und 90 Jahren gestorben waren, und es hat sich dabei folgendes herausgestellt.

Wenn man die Nervenzellen von Kindern mit dem Mikroskop untersucht, so findet man in manchen Zellen kleine glänzende Körnchen, die über den ganzen Zelleib verstreut sind. Betupft man das Stückchen Rückenmark oder Gehirn, das man auf einem Glasplättchen unter dem Mikroskop liegen hat, mit einem Tropfen der sogenannten Osmiumsäure, so werden die glänzenden Körnchen schwarz (Abb. 23). Osmiumsäure hat die Fähigkeit, fettartige Stoffe zu schwärzen. Wir müssen darum annehmen, daß diese Körnchen aus Fett bestehen. Betupfen wir nun ein Stückchen Gehirn oder Rückenmark mit Alkohol oder Äther, so verschwinden die glänzenden Körnchen: Alkohol und Äther haben die Fähigkeit, Fett aufzulösen. Folglich ist unsere Vermutung, daß die glänzenden Körnchen in den Nervenzellen aus einem fettähnlichen Stoff bestehen, bestätigt. Wie uns die Abbildung zeigt, sind die Körnchen bei jugendlichen Personen nicht in allen Zellen enthalten, und in den einen ist ihre Zahl größer, in den andern geringer. Aber wenn man ein Stückchen Rückenmark oder Gehirn mit dem Mikroskop untersucht, so findet man in der einen oder anderen Zelle doch solche Körnchen in den Nervenzellen, auch wenn es sich um die Leichen von Kindern handelt, die kaum ein Jahr alt geworden sind.

Untersucht man die Nervenzellen von ältern Personen, z. B. im Alter von 16 und 19 Jahren (Abb. 24 u. 25), so findet man, daß hier die Körnchen schon in größerer Anzahl in den Zellen vorhanden sind. Sie liegen hier viel dichter in den Zellen, und die Zahl der Zellen, in denen die Körnchen vorkommen, ist größer als bei kleinen Kindern. Außerdem kann der Untersucher feststellen, daß die Körnchen, auch wenn man sie nicht erst mit Osmiumsäure färbt, schon an und für sich ein dunkleres Aussehen haben, die Körnchen sind dunkelbraun bis schwarz geworden, und man muß sie jetzt als Pigment bezeichnen.

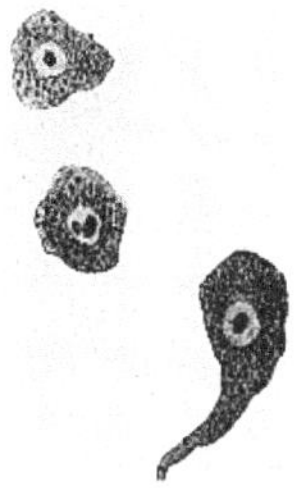

Abb. 24. Nervenzellen eines 16jährigen Mannes.

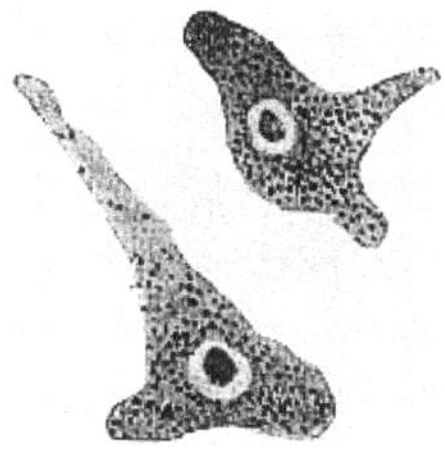

Abb. 25. Nervenzellen einer 19jährigen Frau.

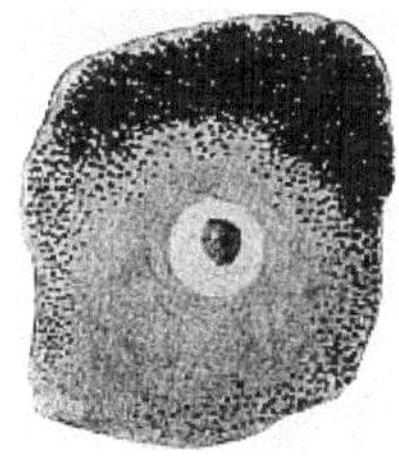

Abb. 26. Nervenzelle aus dem Rückenmark einer 80jährigen Frau.

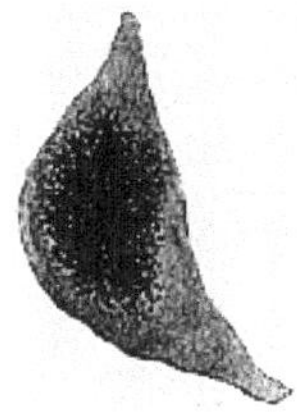

Abb. 27. Nervenzelle einer 80jährigen Frau. Schematisiert.

Im höheren Alter liegen die nunmehr ganz dunklen Pigmentkörnchen in dichten Haufen beisammen, wie uns die Abb. 26 zeigt, die uns eine Nervenzelle einer 80jährigen Frau vor Augen führt. Man kann hier die einzelnen Pigmentkörnchen gar nicht mehr zählen, so groß ist die Zahl der dicht beisammen liegenden Körnchen. Manchmal nehmen bei alten Leuten die Pigmentkörnchen beinahe die ganze Zelle ein, so daß nur ein schmaler Saum von Protoplasma in der Zelle von ihnen frei bleibt (Abb. 27).

Wie bei Menschen, so sieht man auch bei Tieren mit zunehmendem Alter die Fett- und Pigmentkörnchen sich in den Nervenzellen häufen. Mühlmann hat die Nervenzellen vom Meerschweinchen, von der Kuh, der Maus, dem Papagei u. a. auf ihren Gehalt an Fett- und Pigmentkörnchen untersucht. Stets waren sie vorhanden, wie uns die Abb. 28 u. 29 für die Kuh und für die Maus zeigen. Sehr schön ist der Unterschied zwischen der jugendlichen und gealterten Nervenzelle auf den Abb. 30 u. 31 zu sehen: die Fettkörnchen fehlen bei dem neugeborenen Meerschweinchen, während sie bei dem 2 1/2 Jahre alten Meerschweinchen in beträchtlicher Zahl vorhanden sind. Ebenso beim jüngern und ältern Papagei (Abb. 32 u. 33). Zuweilen findet man die Pigmentkörnchen auch in dem Kern der Zelle liegen (Abb. 28).

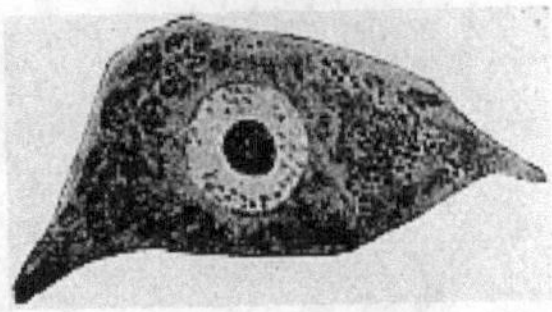

Abb. 28. Nervenzelle aus dem Rückenmark einer zweijährigen Kuh.

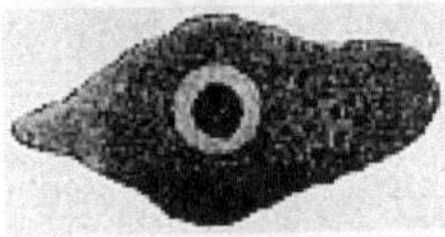

Abb. 29. Nervenzelle aus dem Rückenmark einer zweijährigen Maus. Stark schematisiert.

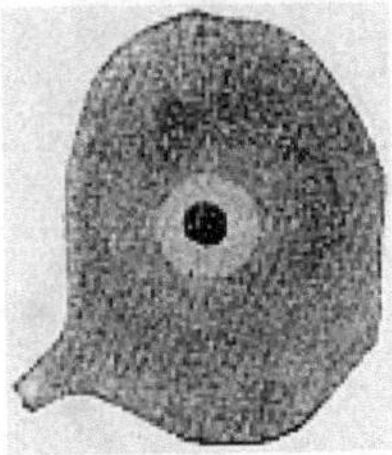

Abb. 30. Nervenzelle eines 1 Monat alten Meerschweinchens.

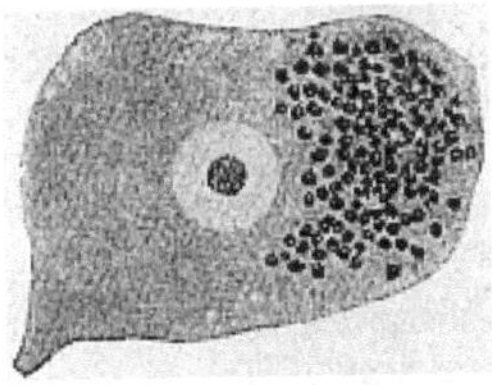

Abb. 31. Nervenzelle eines 2 1/2 Jahre alten Meerschweinchens.

Abb. 32. Nervenzelle eines etwa 12 Jahre alten Papageis. Stark schematisiert.

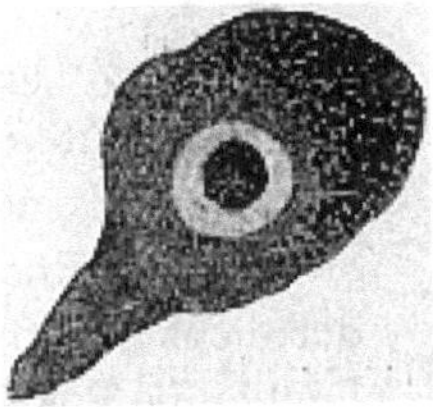

Abb. 33. Nervenzelle eines alten Papageis. Schematisiert. Abbildungen 23 bis 33 nach Mühlmann.

In manchen Gebieten des Nervensystems häufen sich die Fettkörnchen, die allmählich zu dunklen Pigmentkörnchen geworden sind, früher an als in andern, z. B. in manchen Zellgruppen, die bei der Regulierung der Herzmuskelarbeit und der Arbeit der Atemmuskeln mittun.

Fassen wir zusammen, was uns die Untersuchungen von Mühlmann gelehrt haben, so läßt sich sagen, daß in den Nervenzellen schon in der frühen Jugend Fettkörnchen auftreten, die mit dem Alter an Menge mehr und mehr zunehmen, bis sie schließlich beinahe die ganze Zelle erfüllen.

Pigmentkörnchen hat man auch in den gealterten Zellen aller anderen Organe nachgewiesen. Besonders auffallend ist die Ablagerung eines bräunlichen Pigmentes in den Herzmuskelzellen.

Was hat diese Einlagerung von Pigment in den Zellen zu bedeuten? Diese Frage zu beantworten, ist nicht leicht. Nur Vermutungen können wir darüber anstellen.

Man kennt die Tatsache, daß im Stoffwechsel mancher Formen der lebendigen Substanz, z. B. bei Bakterien und bei manchen Wirbellosen, Stoffe entstehen, die in die chemische Gruppe der Fettsäuren hineingehören. Unter gewissen Umständen, wie bei Krankheiten, entstehen auch im Stoffwechsel des Menschen Fettsäuren, z. B. bei der Zuckerkrankheit. Fettsäuren nun vereinigen sich mit Glyzerin zu Fett. Gibt man einem Tier größere Mengen von Fettsäuren ein, so findet man nach einigen Stunden in der Lymphe des Tieres zahlreiche Fettkügelchen. Das sagt uns, daß die Zellen des tierischen Organismus die Fähigkeit besitzen, Glyzerin herzustellen, das sich dann mit den Fettsäuren zu Fett vereinigt. Man könnte sich daraufhin vorstellen, daß die fettglänzenden Körnchen, die man in den Zellen des Organismus von der frühesten Jugend an sich bilden sieht und die, wie wir uns oben überzeugt haben, jedenfalls Tröpfchen eines fettähnlichen Stoffes sind, in folgender Weise entstehen. In den Zellen unseres Körpers werden im Stoffwechsel vielleicht auch schon normalerweise Fettsäuren gebildet, die aber im weiteren Verlauf der stofflichen Umsetzungen in den Zellen aus diesen herausgeschafft werden, indem sie zu Kohlensäure und Wasser, den Endprodukten des Stoffwechsels, verbrannt werden. Nun nehmen wir an, daß es mit der Abfuhr der Stoffwechselprodukte aus den Zellen des Zellenstaates gar nicht so gut bestellt ist, wie es sein sollte. Dann werden Stoffwechselprodukte in den Zellen liegen bleiben, obgleich sie hier nicht mehr hineingehören. Die Umsetzungen in den Zellen werden eine Einbuße erleiden und die Weiterverarbeitung der Fettsäuren wird nicht gut genug vonstatten gehen können. Es wird ein Rest von Fettsäuren in den Zellen zurückbleiben. Die Fettsäuren werden zu einer fettähnlichen Substanz verarbeitet werden – das Glyzerin, das die Zellen dazu nötig haben, können sie ja selber herstellen. Wenn dieser Gedankengang richtig ist, dann dürfen wir die fettglänzenden Körnchen oder die Pigmentkörnchen, in die sich die fettglänzenden Körnchen in den Nervenzellen im Laufe der Zeit umwandeln, als Stoffwechselprodukte auffassen, die sich in den Zellen sammeln, weil die Abfuhr der Stoffwechselprodukte aus den Zellen im Zellenstaat nicht ergiebig genug vonstatten geht.

Doch wir dürfen nicht vergessen, daß alle diese Einzelheiten ganz und gar nur Vermutungen sind. Der wirkliche Sachverhalt kann auch anders sein, die Pigmentkörnchen können in den Zellen auch auf eine andere Weise entstanden sein. Wie dem aber auch sei: wir kommen um die Tatsache nicht herum, daß in den Zellen unseres Körpers, vornehmlich in den

Nervenzellen und in den Herzmuskelzellen – aber auch in allen andern Zellen sonst –, Pigmentkörnchen, aus fettähnlichen Stoffen entstanden, sich häufen und daß diese Körnchen wahrscheinlich Stoffwechselprodukte der Zellen oder Schlacken des Stoffwechsels schlechtweg sind.

Und jetzt gedenken wir all der Dinge, die wir uns aus der Lebensgeschichte eines Pantoffeltierchens haben erzählen lassen. Wir waren dahin gekommen, daß das sonst unsterbliche Pantoffeltierchen altert und stirbt, wenn sich Schlacken in seinem Zelleib ansammeln. Das Pantoffeltierchen verfällt dabei einer Atrophie, die mit der Altersatrophie im Zellenstaat verglichen werden kann. Nun ist uns die Tatsache vertraut geworden, daß auch in den Zellen des Zellenstaates sich im Laufe des Lebens ganz allmählich Schlacken ansammeln. Was ist da durchsichtiger, als daß die Altersatrophie der Zellen im Zellenstaat in derselben Weise zustandekommt wie die Depression und die Atrophie des Pantoffeltierchens? Die Schlacken, die sich mehr und mehr in der Zelle häufen, stören den Stoffwechsel der Zellen, die Zellen nehmen allmählich an Masse ab, sie werden atrophisch – bis sie schließlich zusammenbrechen, genau so wie das Pantoffeltierchen und seine Verwandten in den Versuchen von Maupas und Calkins.

Wir werden also dahin geführt, daß die im Leben entstehenden Stoffwechselprodukte wahrscheinlich nicht sorgfältig genug aus den Zellen, die im Zellverband beisammenleben, herausgeschafft werden können, daß sie sich mehr und mehr in den Zellen häufen, den Stoffwechsel der Zellen stören und eine Atrophie der Zellen hervorrufen. Und sobald die Anhäufung der Schlacken in den Nervenzellen und damit die Atrophie der Nervenzellen weit genug fortgeschritten ist, sind diese Zellen nicht mehr auf ihrem Posten, sie versagen im Dienst. Wir büßen die geistige Frische ein, wir werden alt. Es kommt schließlich der Zeitpunkt, wo auch diejenigen Nervenzellen versagen, die Atmung und Herztätigkeit regulieren. Die alten Herzmuskelzellen und auch alle andern Zellen im Körper sind gleichfalls nicht mehr so recht auf ihrem Posten. Atmung und Herzschlag stehen still – das Sterben der Zellen im Zellenstaat beginnt.

Aber wieso kommt es, daß die Stoffwechselprodukte der Zellen des Zellenstaates nicht so sorgfältig herausgeschafft werden, wie aus dem Zelleib des Pantoffeltierchens? Da müssen wir daran denken, daß so ein Pantoffeltierchen eine freilebende Zelle ist, die von allen Seiten vom Wasser, in dem es lebt, umspült wird. Unter solchen Umständen geht es mit der Ausscheidung der Stoffwechselprodukte sehr leicht. Bei den Zellen aber im Zellenstaat mußte die Sache schwieriger werden. Allerdings, auch die Zellen im Zellenstaat leben im Wasser, in

„fließendem Wasser“, denn wir nehmen alle Tage ein paar Liter Wasser auf und erneuern so im Laufe von längstens drei Wochen alles Wasser unseres Körpers. Aber die Zellen im Zellenstaat sind mit Bezug auf das Wasser, das sie umspült, doch schlechter bestellt als das freilebende Pantoffeltierchen. Nur die wenigsten Zellen im Zellenstaat werden von den Körperflüssigkeiten, vom Blut und von der Lymphe, unmittelbar umspült. Die meisten Zellen im Zellenstaat, die in großen Haufen beisammenliegen, können mit dem Blut und der Lymphe nur durch Vermittlung benachbarter Zellen verkehren, die dem Blute näher sind oder direkt von diesem umspült werden. Da ist es leicht begreiflich, daß die Abfuhr der Schlacken im Zellenstaat nicht so sorgfältig vonstatten gehen kann wie beim Pantoffeltierchen, das sich frei im Wasser tummelt. Und die Zellen des Zellenstaates sind in derselben Lage wie ein Pantoffeltierchen, dem man nicht häufig genug das Wasser wechselt. Und sie gehen zugrunde, weil sie mit den Schlacken des Stoffwechsels überladen werden.

Dann kommt noch hinzu, daß das weiche bindegewebige Daunenbett der Blutgefäße im Laufe der Zeit hart geworden ist: das alt gewordene Bindegewebe macht die Blutgefäße starr und stört die prompte Zufuhr von Blut zu den Zellen im Körper.

Und so ergibt sich uns der Schluß: **Im Zusammenleben der Zellen im Zellverband liegen die Bedingungen für den Tod des vielzelligen Organismus, für den natürlichen Tod aus Altersschwäche, der sich mit eiserner Notwendigkeit aus dem Leben der Zellen im Zellenstaat entwickelt. Die Schlacken des brennenden Lebensfeuers der Zellen im Zellenstaat bringen das Leben allmählich zum Stillstand. Der Zellenstaat bringt sich selber um.**

Mit Bezug auf die Bedeutung, die die Nervenzellen für das Zustandekommen des Todes haben sollen, ist ein Einwand möglich. Ribbert selbst hat diesen Einwand in ansprechender Weise diskutiert.

Man könnte nämlich behaupten, daß die Atrophie der Nervenzellen doch nicht immer daran schuld sein könne, daß nunmehr das Sterben des Zellenstaates beginnt. Sehr viele Menschen sterben bei völliger geistiger Frische, trotzdem sie ein Alter erreichen, das über das Durchschnittsalter der Menschen weit hinausgeht. Man denke an den Historiker Mommsen, der 86 Jahre alt war, als er starb, und an den Physiker Bunsen, der sogar erst mit 88 Jahren starb. Beide waren bis zuletzt bei völliger geistiger Frische. Der berühmte Physiologe Eduard Pflüger, der ein Alter von 81 Jahren erreichte und vor wenigen Jahren in Bonn starb, hielt bis zu den letzten Tagen seines Lebens nicht nur die Vorlesung ab, sondern arbeitete in angestrengter Weise auch noch im Laboratorium an schwierigen wissenschaftlichen Untersuchungen, mit denen er auch literarisch im Mittelpunkte hochwichtiger physiologischer Streitfragen stand. Und dann war er zu Ende des Semesters wenige Tage krank und war tot.

Wie reimt sich das damit zusammen, daß ein Versagen der Nervenzellen den Tod unseres Zellenstaates einleitet?

Die Sache liegt hier vielleicht so: Die Arbeit des Gehirnes beruht auf einem Zusammenarbeiten vieler Nervenzellen, und jede Zellgruppe kann dabei für sich im Dienst versagen. Während z. B. die Nervenzellen, die der Atmung und dem Blutkreislauf vorstehen, noch rüstig arbeiten, können die Nervenzellen, die das Denken besorgen, schon mehr oder weniger atrophisch sein. Das ist im Alter ja auch die große Regel. Es kann nun aber auch der Fall eintreten, daß die Nervenzellen, die der Atmung und dem Blutkreislauf vorstehen, eher versagen, als die Zellen, deren Arbeit Denken ist! Dann wird der Greis bei völliger geistiger Frische sterben. Die Altersveränderungen in den Nervenzellen, die das Denken besorgen, werden bei solchen Menschen, die andauernd geistig tätig sind, sich weniger schnell bemerkbar machen. „Die fortgesetzte Übung der Nervenzellen, die mit besserer Blutzufuhr und besserer Ernährung verbunden ist, wird dadurch auch eine lebhaftere Durchspülung des Protoplasmas und eine leichtere Abfuhr der Stoffwechselprodukte herbeiführen," sagt Ribbert. Die Nervenzellen aber, die für die Regelung der Herztätigkeit und der Atmung in Betracht kommen, werden bei diesen Menschen in demselben Tempo der Atrophie und dem Tode entgegenschreiten, wie bei allen anderen Menschen, die aus Altersschwäche sterben. Und dann wird plötzlich der Tag gekommen sein, wo den silberweißen Greis, den wir alle wegen seiner geistigen Frische bewundert, der Sensenmann ereilt hat.

Diese Auffassung ist wohl plausibel. Das sieht ein jeder ein. Wir wissen, daß z. B. ein Muskel mit Bezug auf seine Ernährung viel besser davonkommt, wenn er Arbeit leistet, als wenn er keine Arbeit tut. Voraussetzung ist natürlich, daß er nicht überanstrengt wird, daß ihm genügend Zeit zur Erholung gelassen wird. Aber es ist doch zunächst bloß eine Vermutung, daß es so auch mit den Nervenzellen ist, daß die andauernde geistige Tätigkeit die Nervenzellen, die Denkarbeit leisten, vor einer allzuschnellen Überladung mit den todbringenden Stoffwechselabfällen verschont.

Abb. 34. Rückenmark, aus dem Wirbelkanal herauspräpariert. Von hinten. Man sieht bei *A* die Armanschwellung, die Stelle, wo die vielen großen Nervenzellen liegen, welche die Muskeln des Armes regieren. Bei *B* die Lendenanschwellung mit den Nervenzellen für die Beinmuskeln. Nach Toldt.

Mühlmann hat nun vor einigen Jahren Untersuchungen ausgeführt, die diese Vermutung vielleicht zu stützen vermögen. Er hat die Pigmentmenge in den Nervenzellen des Rückenmarks, die die Muskeln des rechten und linken Armes regieren, bestimmt. Er fertigte sich mikroskopische Schnitte von der „Arm-Anschwellung" des Rückenmarkes (Abb. 34) an und zählte in einer ganzen Serie von Schnitten die Nervenzellen aus, wobei er sich die Zahl der Nervenzellen, die stark pigmenthaltig waren, besonders notierte. Die Zählungen von Mühlmann haben ergeben, daß die Zahl der Nervenzellen, die stark pigmenthaltig waren, auf der rechten Seite geringer war als auf der linken. So waren nach Mühlmann bei 18 Personen im Alter von 18 bis 46 Jahren auf der linken Seite 77,2 Prozent aller Zellen stark pigmenthaltig, auf der rechten Seite nur 74,8 Prozent. Die Personen, deren Nervenzellen Mühlmann auf ihren Pigmentgehalt untersucht hat, waren rechtshändig und sie hatten somit mit dem rechten Arm im Laufe ihres Lebens mehr Arbeit geleistet als mit dem linken. Mühlmann ist der Meinung, daß seine

Untersuchungen dafür sprechen, daß die mehr arbeitenden Nervenzellen weniger Pigment enthalten, d. h. weniger Stoffwechselprodukte anhäufen, als diejenigen Zellen, die weniger gearbeitet haben. Ohne weitere Untersuchungen ist es nicht möglich, zu entscheiden, ob Mühlmann hier wirklich recht hat: der Unterschied von rechts und links ist in den Zählungen von Mühlmann doch zu gering. Wollte man aber die Ergebnisse der Mühlmannschen Untersuchungen auf die Nervenzellen des Gehirnes, die die Denkarbeit leisten, übertragen, so wäre hier der Sachverhalt so: Bei manchen Leuten, bei denjenigen, die als geistig hochstehende Menschen andauernd geistig tätig sind, werden bestimmte Nervenzellen des Gehirns mehr Arbeit leisten als bei andern Leuten, die nicht in einem solchen Maße geistig arbeiten. Bei den ersten werden die Denkzellen weniger Pigment anhäufen als bei den zweiten. Und darum werden die geistig arbeitenden Menschen ihre geistige Frische länger erhalten können als die andern.

Aber auf jeden Fall darf man nicht glauben, daß jede vermehrte Arbeit dahin führen müsse, daß nun die Zellen, die diese Arbeiten leisten, mit Bezug auf eine Durchspülung mit Blut besser gestellt sind als die Zellen, die weniger Arbeit leisten. Nein, das ist nur innerhalb bestimmter Grenzen möglich. Sobald wir den Zellen unserer Organe, sei es den Nervenzellen, die Denkarbeit leisten, den Herzmuskelzellen, die das Blut durch die Blutgefäße treiben, den Muskeln, die mechanische Arbeit leisten, den Nierenzellen, den Zellen der Lunge usw. eine zu große Arbeit zumuten, der sie nicht gewachsen sind, dann brechen sie unter der vermehrten Arbeit zusammen, wie die Erfahrung tausendfältig lehrt. Für alle Zellen unseres Körpers gibt es ein zuwenig und ein zuviel an Arbeit, das ihnen ein frühes Grab gräbt, und eine bestimmte Arbeitsleistung, die ihnen am zuträglichsten ist und ihnen ein langes und gesundes Leben sichert. Es ist das „Optimum" an Arbeit, wie der wissenschaftliche Ausdruck für diese Dinge lauten könnte. Dieses Optimum an Arbeit, die „bestgrößte" Arbeitsmenge, ist das allein wirksame Lebenselixier – wenn man schon auf der Suche nach einem solchen ist –, das die Wissenschaft uns zu bieten vermag.

Aber auch dieses Lebenselixier ist nicht so wirksam, daß es alle Scharten in den Nervenzellen auswetzen könnte, die das Alter in ihnen setzt. Auch der geistig hochstehende und andauernd geistig arbeitende Mensch büßt im Alter an Geisteskraft ein. Aber gewöhnlich schrauben wir unsere Erwartungen gegenüber einem Greis von 80 und 90 Jahren nicht mehr so hoch und wir schätzen darum seine Denkleistungen höher ein, als eigentlich berechtigt wäre. „Das wirkliche Verhalten," sagt Ribbert, „beurteilen wir richtiger, wenn wir uns, wie wir es ja oft tun, so ausdrücken, daß wir sagen, dieser oder jener ist für sein Alter noch merkwürdig frisch. Damit sagen wir zugleich, daß doch tatsächlich schon eine Abnahme der geistigen Funktionen bemerkbar ist. Sie laufen langsamer ab und werden einseitiger. Und diese Verminderung der psychischen Tätigkeit führen wir mit vollem Recht zunächst auf die zu dieser Zeit allerdings noch nicht zu den höchsten Graden fortgeschrittenen Veränderungen der Ganglienzellen zurück. Nimmt deren Atrophie weiterhin immer mehr zu, so steigert sich die Abnahme der psychischen Funktionen. Geordnetes Denken wird allmählich unmöglich, neue Eindrücke werden nicht mehr verarbeitet, es stellt sich Gleichgültigkeit gegen die Umgebung ein, das Gehirn vegetiert nur noch und seine Tätigkeit erlischt allmählich bis zum Eintritt des Todes."

10. Der Tod der Eintagsfliege.

Nach dem, was wir alles im vorigen Kapitel gehört haben, steht eine neue Frage vor uns: Warum sich die Schlacken in den Nervenzellen eher ansammeln als in allen andern Zellen des Zellenstaates und zu einem Berge in ihnen anwachsen – wie uns die Abbildungen 26, 27 u. 33 das gezeigt haben –, so daß die Nervenzellen früher als alle anderen Zellen des Körpers im Dienst versagen.

Die Sache ist hier folgendermaßen bestellt. Der Stoffwechsel der Nervenzellen ist viel reger als der Stoffwechsel in den Zellen sonst. Ein Gramm Hirnsubstanz verbraucht etwa dreimal so viel Sauerstoff als ein Gramm anderer Körperzellen. So könnte es denn sein, daß die Menge der Schlacken, die im Stoffwechsel der Nervenzellen entstehen, größer ist als die der andern Zellen im Zellenstaat, und daß darum die Nervenzellen unter der Last von Schlacken, die nicht sorgfältig genug aus ihnen herausgeschafft werden, viel eher zusammenbrechen müssen als die andern Zellen.

Und noch eins kommt hinzu: Die Nervenzellen sind auch noch durch ihre große Empfindlichkeit gegenüber den verschiedenen Störungen, die ihren Stoffwechsel treffen, ausgezeichnet. Die Nervenzellen sind der „*locus minoris resistentiae*" in unserem Körper, wie Verworn einmal gesagt hat. So wissen wir, daß die Nervenzellen viel eher als die anderen Zellen des Körpers der Wirkung von Giften unterliegen, wenn diese in den Körper eingeführt werden. Die Nervenzellen sind viel früher vergiftet als die andern Zellen des Zellenstaats. Auch wissen wir, daß die Nervenzellen bei angestrengter Arbeit viel früher ermüden als die andern Zellen. Alle unsere „Müdigkeit" beruht zunächst auf einer Ermüdung unseres Nervensystems, nicht auf einer Ermüdung unserer Muskeln. Daß die Nervenzellen nach angestrengter Arbeit viel eher müde sind als die Muskelzellen, heißt aber nach dem heutigen Stande unseres Wissens über die Ermüdung nichts anderes, als daß die Nervenzellen viel eher unter der Last von Stoffwechselprodukten zusammenbrechen, die bei angestrengter Tätigkeit in größerer Menge als sonst gebildet werden und nicht sorgfältig genug aus den Zellen herausgeschafft werden können. Es häufen sich in ihnen „Ermüdungsstoffe" an, wie man sagt.

Schon aus ältern Versuchen von Ranke und Mosso wissen wir, daß bei der Arbeit der Muskeln Stoffwechselprodukte in ihnen gebildet werden, die, wenn sie sich in den Muskeln anhäufen, diese lähmen. Verworn hat gezeigt, daß dasselbe auch für die Zellen des Nervensystems gilt. Vergiftet man einen Frosch mit Strychnin, so bekommt das Tier schwere Muskelkrämpfe. Nach einiger Zeit werden die Krämpfe schwächer und nach ungefähr 20 bis 30 Minuten wird das Tier unerregbar, es wird gelähmt. Aber die Muskeln unseres Tiers sind noch gar nicht gelähmt: prüfen wir die Erregbarkeit eines jeden einzelnen Muskels, so überzeugen wir uns, daß sie alle noch gut erregbar sind. Nur das Rückenmark ist gelähmt, das Rückenmark hat zu angestrengt gearbeitet. Nun sehen wir dem Versuch weiter zu. Verworn band dem gelähmten Tier ein Glasröhrchen in die Aorta, in das große Blutgefäß, das vom Herzen abgeht, und verband das Glasröhrchen mit Hilfe eines dünnen Gummischlauches mit einem Gefäß, das physiologische Kochsalzlösung[5] enthielt. Die Kochsalzlösung strömt dann durch die Blutgefäße unseres Frosches. Auch wenn wir allen Sauerstoff aus der Kochsalzlösung durch vorheriges Auskochen vertrieben haben, tut so eine Durchspülung mit frischer Kochsalzlösung dem Tiere außerordentlich gut: der Frosch erholt sich in wenigen Minuten und bleibt nun wieder für einige Zeit erregbar. Er beantwortet die Reize, z. B. das Berühren oder Kneifen der Haut, mit einer Zuckung. Die Wirkung der Durchspülung mit der Salzlösung kann hier nur darauf beruhen, daß aus den gelähmten Zellen des Rückenmarks irgendwelche Stoffe herausgewaschen worden sind, die an der Lähmung, an der Ermüdung der Nervenzellen schuld waren. Der Versuch sagt uns also, daß bei angestrengter Arbeit Stoffwechselprodukte oder Ermüdungsstoffe sich in den Nervenzellen anhäufen, die die Zellen lähmen. Werden diese Schlacken aus den Zellen herausgewaschen, so kehrt ihre Erregbarkeit wieder. Sie haben sich erholt. Hamburger hat vor einigen Jahren dasselbe auch für die Flimmerzellen der Rachenschleimhaut des Frosches nachgewiesen: auch hier häufen sich, wie selbstverständlich in jeder andern Zelle auch, Stoffwechselprodukte an, die lähmend auf die Zellen wirken.

Die Ermüdungsstoffe sind Stoffwechselprodukte, wie sie auch in der Ruhe gebildet werden – nur werden sie bei angestrengter Arbeit in viel zu großer Menge gebildet, um von dem Blute, auch wenn der Blutzufluß vermehrt ist, aus den Zellen sorgfältig genug herausgewaschen zu werden. Wegen einer Überhäufung mit den Ermüdungsstoffen, mit den Schlacken des vermehrten Stoffwechsels, werden also die Nervenzellen müde und büßen an Leistungsfähigkeit ein. Aber die Nervenzellen können bei angestrengter Arbeit unter der Last der Ermüdungsstoffe auch ganz zusammenbrechen: die Ermüdung kann so stark sein, daß man infolge einer Übermüdung stirbt. In diesem Falle ist der Sachverhalt beim Menschen genau so wie bei den Pantoffeltierchen, die in dem Versuch von Pütter (vgl. S. 61) in einem zu kleinen Tropfen zusammengepfercht waren, so daß sie infolge einer Überlastung mit Stoffwechselabfällen schließlich stillstanden, um sich erst wieder zu erholen, wenn man ihnen durch Übertragung in frisches Wasser die Möglichkeit gab, den Rückstand an Schlacken wieder los zu werden. Gibt man ihnen diese Möglichkeit nicht, dann sterben die Pantoffeltierchen infolge der Überlastung mit den Stoffwechselprodukten. Ebenso auch die vielzelligen Tiere. Behindert man z. B. Hunde längere Zeit am Schlafen, so gehen sie nach einer oder zwei Wochen zugrunde. Und man findet in den Nervenzellen solcher schlafloser Hunde Veränderungen, die darauf hinweisen, daß die Tiere infolge einer Übermüdung der Nervenzellen gestorben sind. Versuche, die Piéron und Legendre in Paris vor ein paar Jahren ausgeführt haben, haben uns das gezeigt. Auch wir Menschen sterben, wenn wir lange nicht geschlafen haben. Im alten China soll es eine Form der Todesstrafe gegeben haben, die darin bestand, daß man den zum Tode verurteilten Verbrecher einige Zeit am Schlafen hinderte.

Aus diesen Tatsachen können wir für ein Verständnis des Todes eine ganze Menge lernen. Mit vollem Recht dürfen wir das Zugrundegehen der Pantoffeltierchen im zu engen Wassertropfen beim Versuch von Pütter als ein schnelles Sterben auffassen, das sich nur dem Grade nach vom langsamen Sterben der Pantoffeltierchen in den Versuchen von Maupas und Calkins unterscheidet, wo der Tod das Tier erst nach einer langen Reihe von Generationen ereilt. Und genau so kann man nach unserer heutigen wissenschaftlichen Erkenntnis über das Sterben der vielzelligen Tiere den natürlichen Tod des Menschen als ein langsames Sterben infolge einer Überladung der Zellen im Zellenstaat, vor allem der Nervenzellen, mit Stoffwechselprodukten auffassen, das sich nur dem Grade nach vom schnellen Hinsterben infolge einer starken Übermüdung, z. B. bei andauerndem Wachen, unterscheidet.

Und jetzt müssen wir wichtiger Untersuchungen gedenken, die in jüngster Zeit W. Harms in Marburg an einem kleinen Wurm aus dem Golf von Neapel angestellt hat. Dieser einige Millimeter lange Wurm, *Hydroides pectinata* mit Namen, besitzt, wie seine andern Wurmverwandten auch, ein Nervensystem, das aus einigen größern Nervenknoten am Kopfende, dem sogenannten Gehirn, und einem zarten Strickleiternervensystem besteht. Harms hatte sich zur Aufgabe gestellt, den natürlichen Tod bei wirbellosen Tieren zu verfolgen, und da bot sich dieser Wurm als geeignetes Material für eine solche Untersuchung dar, schon allein aus dem Grunde, weil er sehr anspruchslos ist und durch äußere Bedingungen nicht leicht geschädigt wird. So gedieh er z. B. ganz munter sogar in den Abflußbecken der Zoologischen Station in Neapel. Und das Sterben, das Harms bei seinen Tieren verfolgt hat, können wir ruhig als ein Sterben aus Altersschwäche auffassen – das winzige Würmchen wird über ein Jahr alt.

Harms hat nun gefunden, daß die ersten Veränderungen, die das Sterben des Tieres einleiten, sich in den Nervenzellen abspielen, namentlich in denjenigen Nervenzellen, die in dem Hirnknoten des Wurmes gelegen sind. Zunächst erfahren diejenigen Zellen Veränderungen, von denen die Nerven zu den Kiemen, d. h. zu den Atmungsorganen des Tieres, abgehen. Dann kommt die Reihe an die Nervenzellen, die den Blutkreislauf und die Nierenarbeit regulieren. Harms hat festgestellt, daß diese Veränderungen sich in den Nervenzellen schon bemerkbar machen, wenn das Tier noch am Leben ist und nur die ersten Anzeichen des herannahenden Todes aufweist.

So führen uns die Beobachtungen von Harms die bedeutungsvolle Tatsache vor Augen, daß auch bei Wirbellosen das Sterben der Zellen im Zellenstaat eingeleitet wird durch ein Versagen der Nervenzellen und vor allem derjenigen Nervenzellen, die der Atmung und dem Blutkreislauf vorstehen. Harms hat seine Untersuchungen an einem so großen Material ausgeführt – insgesamt hat er 560 Tiere in Beobachtung gehabt –, daß an der Richtigkeit seiner Ergebnisse nicht gezweifelt werden kann. Und wir dürfen jetzt ganz allgemein sagen, daß der Tod der Zellen im Zellenstaat seinen Ausgang nimmt von den Nervenzellen.

Nach dieser Feststellung werden wir die Annahme machen müssen, daß auch der frühe Tod mancher Wirbellosen – manche Insekten, wie z. B. die Eintagsfliege, sterben schon wenige Stunden nach dem Ausschlüpfen aus der Larve! – bedingt wird durch eine Überhäufung der Nervenzellen mit Stoffwechselprodukten. Allerdings: die Eintagsfliege und manche andere Wirbellosen sterben so frühzeitig, daß es uns auf den ersten Blick eine widerspruchsvolle Behauptung dünkt, sie stürben aus Altersschwäche und daß es sich hier um eine Erscheinung handle, die dem Tod aus Altersschwäche der unvergleichlich länger lebenden Wirbeltiere gleichzusetzen sei. Aber im ersten Abschnitt dieses Kapitels waren wir dahin gelangt, daß das Versagen der Nervenzellen, die eine Altersatrophie erfahren haben, sich nur dem Grade nach von dem Zusammenbrechen übermüdeter Nervenzellen unterscheidet. In dem ersten Fall handelt es sich um einen in den Zellen liegenbleibenden Rückstand an Schlacken, die den Stoffwechsel der Zellen ganz allmählich beeinträchtigen und zu einem Zellschwund führen; in dem zweiten Fall handelt es sich um eine so starke Überhäufung der Nervenzellen mit Schlacken, daß der Stoffwechsel schon innerhalb eines ganz kurzen Zeitraumes eine weitgehende Störung erfährt, wobei die Nervenzellen sehr bald versagen und zusammenbrechen. Und der frühe Tod der Eintagsfliege hat nichts Unverständliches mehr für uns: auch die Eintagsfliege stirbt aus Altersschwäche. Dort langsames Hinsiechen, hier schneller Tod der Nervenzellen – das ist der ganze Unterschied. Ob die Eintagsfliege nur wenige Stunden lebt, ob Insekten nur Tage und Wochen, manche Würmer kurze Monate, der Mensch mehrere Jahrzehnte, manche Vögel über ein Jahrhundert und manche Fische und Reptilien gar viele Jahrhunderte lang leben – der vielzellige Organismus des Tieres stirbt von den Nervenzellen aus, wobei die Nervenzellen bei der einen Art früher, bei der andern später unter der Last der Stoffwechselprodukte, die sich in ihnen ansammeln und ihren Stoffwechsel stören, zusammenbrechen. Der Mechanismus des natürlichen Todes, des Todes aus Altersschwäche ist bei den vielzelligen Tieren, die ein Nervensystem haben, stets ein und derselbe.

11. Kopulation und Befruchtung.

Unerbittlich ringt der Tod die vielzelligen Tiere nieder …

Die befruchtete Eizelle, der Keim des werdenden vielzelligen Tieres hat sich mehrfach geteilt, und aus der einen Keimzelle ist ein ganzer Zellenstaat geworden, in dem jede einzelne Zelle ein Nachkomme der Keimzelle ist. Die Zellen des Zellenstaats sterben schließlich alle – mit Ausnahme einer bestimmten Anzahl von Keimzellen, die in den Kindern fortleben. Während bei den Einzelligen sämtliche Nachkommen einer Stammzelle, wie z. B. in den Versuchen von Woodruff, unsterblich sind, sich weiter teilen, sind aus der Zahl der Nachkommen der Keimzelle eines vielzelligen Tieres nur die Keimzellen unsterblich. Die Körperzellen leben dagegen im großen Ganzen nur wenig länger, als es für die Brutpflege nötig ist. Der Mohr hat seine Pflicht getan, der Mohr kann gehn …

Hier sind wir vor eine neue Frage gestellt. Das Zusammenleben der Zellen im Zellverbande bringt es mit sich, daß die Zellen der vielzelligen Tiere sterben. Aber, wie gesagt, nicht alle Zellen des Zellenstaates sterben. Denn die Keimzellen sind ja unsterblich: während der mütterliche Organismus stirbt, leben die Nachkommen seiner Keimzellen in den Keimzellen der Kinder und Kindeskinder fort. Wieso kommt es nun, daß bestimmte Zellen des Zellenstaates unsterblich sind wie die unsterblichen Einzelligen? Hier liegt die Sache wahrscheinlich so. Die Keimzellen werden im Zellverband wohl genau so geschädigt wie die Zellen sonst und auch sie gehen zugrunde, wenn der Zellverband stirbt – mit Ausnahme derjenigen Keimzellen, die befruchtet wurden. Die mütterliche Eizelle und der väterliche Samenfaden sind in genau derselben Lage wie das Pantoffeltierchen in den Versuchen von Calkins, das in eine Depression verfällt und stirbt, weil es mit Stoffwechselprodukten überladen ist, und das sein munteres Dasein wieder beginnt, wenn ihm die Gelegenheit geboten wird, eine Vereinigung mit einem andern Pantoffeltierchen einzugehen. Die Befruchtung der Eizelle ist in dieser Beziehung mit der Kopulation bei den Einzelligen identisch. Wie die Kopulation bei den Einzelligen das wieder gut machen kann, was die Überladung der Zellen mit Schlacken an ihnen verdorben hat, so auch die Befruchtung. Auch hier vereinigen sich zwei Zellen, die Eizelle und die Samenzelle, und in der Folge dieser Vereinigung gewinnt die Keimzelle die Fähigkeit, sich zu teilen und Stammutter einer langen Reihe von Zellgenerationen zu werden. Ihre Nachkommen sterben, weil sie im Zellverband leben, mit Ausnahme wiederum jener Keimzellen, denen es beschieden war, befruchtet zu werden usf. Wie gesagt: genau wie bei den Pantoffeltierchen, wo die Nährflüssigkeit nicht häufig genug gewechselt worden ist, jene Pantoffeltierchen, die Gelegenheit zur Kopulation bekamen, besser davonkommen als die übrigen.

Wie weit die Übereinstimmung zwischen Kopulation und Befruchtung geht, zeigen uns folgende Tatsachen. Wir haben schon einmal erwähnt, daß Calkins eine Überwindung der Depression bei seinen Pantoffeltierchen nicht allein dadurch bewerkstelligen konnte, daß er ihnen Gelegenheit zur Kopulation gab, sondern auch mit Hilfe verschiedener chemischer Reize, wie z. B. durch Veränderungen in der Zusammensetzung der Nährflüssigkeit und mit Hilfe mechanischer Reize, durch Schütteln des Aquariums. Der amerikanische Physiologe Jacques Loeb hat nun gezeigt, daß man auch die Teilung, die Entwicklung der Eizelle zum Zellenstaat anregen kann, ohne daß eine Befruchtung stattgefunden hat. Loeb brachte Eier vom Seeigel in Seewasser, dem kleine Mengen verschiedener chemische Stoffe wie Salze, Natronlauge u. a., beigegeben waren. Die unbefruchteten Eier, die der Einwirkung dieser Stoffe ausgesetzt waren, teilten sich und entwickelten sich zu Seeigel-Larven. Die unbefruchtete Eizelle gewinnt unter dem Einfluß von Reizen die Lebensfähigkeit wieder – genau so wie das Einzellige, das sich in einem Depressionszustand befindet und keine Gelegenheit hat, eine Kopulation einzugehen. Wie für die Kopulation, so kann auch für die Befruchtung irgendein Reiz eintreten.

Sehr interessant sind in dieser Beziehung auch manche Fälle der in der freien Natur vorkommenden „Parthenogenese“. Unter Parthenogenese, was so viel heißt wie Jungfernzeugung, versteht man die Entwicklung unbefruchteter Eizellen, wie z. B. auch in den oben erwähnten Versuchen von Jacques Loeb. Es ist jedem Naturforscher bekannt, daß auch in der freien Natur die Eizellen sich unter Umständen unbefruchtet teilen und entwickeln können. Allbekannt ist das Beispiel der Bienen. Hier entwickeln sich sowohl befruchtete als unbefruchtete Eizellen. Die befruchteten Eier werden zu Weibchen, die unbefruchteten zu Männchen, zu Drohnen. Wir müssen nun annehmen, daß die Entwicklung der unbefruchteten Eier bei der Parthenogenese in der freien Natur – genau so wie in den Versuchen von Jacques Loeb – durch allerlei Reize veranlaßt wird, die wir noch nicht kennen. Dafür sprechen die Beobachtungen über die Parthenogenese bei manchen kleinen Wassertieren, z. B. bei den Rädertierchen und den Wasserflöhen. Hier entwickeln sich die Eier im Sommer, d. h. unter höherer Temperatur, parthenogenetisch, ohne befruchtet zu werden. Dagegen können die Wintereier sich nur dann entwickeln, wenn sie vorher befruchtet worden sind. Es wirkt hier die Wärme in demselben Sinne auf die Eizelle ein wie die Befruchtung. Wie wir schon mehrfach erwähnt haben, hat Calkins gezeigt, daß Temperatursteigerung wahrscheinlich imstande ist, den

Depressionszustand der Pantoffeltierchen zu beheben, ihnen Teilungsfähigkeit und Lebensfähigkeit wiederzugeben, daß bei den Einzelligen Temperaturreize wohl in demselben Sinne wirksam sind wie die Kopulation. Wir sehen, alles verdichtet sich dahin, daß die Kopulation der Einzelligen und die Befruchtung der Geschlechtszellen in mancherlei Beziehung gleiche Dinge sind.

Die engen Beziehungen zwischen Kopulation und Befruchtung sind uns klar geworden, nachdem wir erkannt hatten, daß der Befruchtung im Leben der Eizelle in mancherlei Beziehung dieselbe Bedeutung zukommt, wie die Kopulation des Pantoffeltierchens, der Einzelligen: wie mit der Kopulation, so wird auch mit der Befruchtung einem Untergang der Zelle vorgebeugt. Es ist nun von großem Interesse, daß die engen Beziehungen zwischen Kopulation und Befruchtung auch schon allein durch das Studium der Fortpflanzungsformen mancher Arten in wunderschöner Weise aufgedeckt werden können. Vergleichen wir z. B. die Fortpflanzungsverhältnisse nur innerhalb der Gruppe der Braunalgen, so können wir hier eine ganz allmähliche Herausentwicklung der Befruchtung, die auf einer Vereinigung äußerlich ungleicher Zellen – der unbeweglichen Eizelle und der flinken Samenzelle – beruht, aus der Kopulation, die eine Vereinigung äußerlich gleicher Zellen ist, nachweisen.

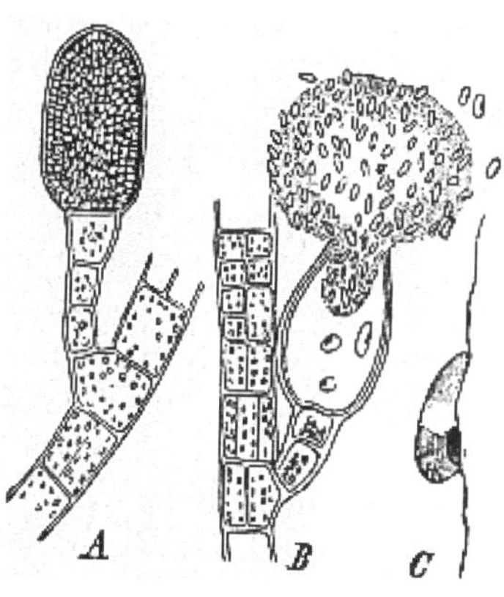

Abb. 35. Schwärmsporenbildung bei der Braunalge *Cladostephus verticillatus.* *A* Zellfaden, oben eine noch geschlossene Zelle mit

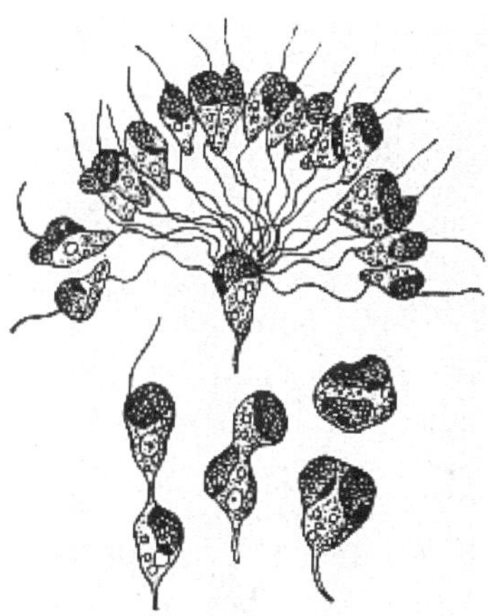

Abb. 36. Verschmelzung von Schwärmsporen bei der Braunalge *Ectocarpus siliculosus.* Oben „Weibliche“ Schwärmspore, von vielen

zahlreichen Schwärmsporen. *B* Entleerung der Schwärmsporen. *A* und *B* ca. 230 mal vergrößert. *C* eine einzelne Schwärmspore ca. 1600 mal vergrößert. (Nach Pringsheim, aus Straßburger, Lehrbuch der Botanik.)

„männlichen" Schwärmsporen umgeben. Unten allmähliche Verschmelzung einer weiblichen Schwärmspore mit einer männlichen. Vergrößert. (Nach Berthold, aus Straßburger.)

Die Fortpflanzungszellen bei vielen Algen sind sogenannte Schwärmsporen, sehr kleine Zellen, die mit einer oder mehreren Rudergeißeln versehen sind. Die Schwärmsporen entstehen durch Teilung aus einer Mutterzelle, die sich statt in zwei in zahlreiche Zellen aufgeteilt hat (Abb. 35 *A*). Diese Zellen sind natürlich viel kleiner als die Zellen sonst. Die ganze Schar der kleinen Tochterzellen oder Schwärmsporen bleibt zunächst noch beisammen innerhalb der Zellwände der Mutterzelle, gleichsam in einem Bläschen (*A*). Dann platzt das Bläschen eines schönen Tages auf (*B*), die kleinen Zellen werden frei und schwärmen ins Wasser hinaus (*C*). Eben darum hat man sie Schwärmsporen genannt. Nach einiger Zeit setzen sich die Schwärmsporen auf einer Unterlage fest, wachsen heran, teilen sich und bilden schließlich eine junge Zellkolonie, einen neuen Algenstock. Bei manchen Algen kommt es vor, daß zwei Schwärmsporen, die äußerlich einander völlig gleichen, sich miteinander vereinigen, und zu einer Zelle verschmelzen. So, wie das bei der Kopulation der Einzelligen, wo die Zellen allerdings später wieder auseinander gehen, der Fall ist. Zunächst sind, wie gesagt, alle Schwärmsporen noch einander gleich. Aber eine Braunalge hat da schon einen Schritt zur Befruchtung gemacht: von den Schwärmsporen, die alle noch gleich aussehen, setzen sich manche schon frühzeitig auf einer Unterlage fest und werden von den andern beweglichen Schwärmsporen umschwärmt wie die Eizelle von den Samenzellen (Abb. 36,1), bis sich schließlich eine freibewegliche Schwärmspore mit einer festsitzenden vereinigt hat, mit ihr verschmolzen ist (5). Die festsitzende Schwärmspore ist das Urbild der weiblichen Eizelle, die bewegliche Schwärmspore das Urbild der männlichen Samenzelle. Bei einer andern Braunalge gibt es zweierlei Schwärmsporen, die schon äußerlich zu unterscheiden sind: große und kleine Schwärmsporen. Die großen setzen sich nach kurzem Schwärmen bald fest und werden von den kleinen umschwärmt. Bei einer dritten Braunalge sind die großen Schwärmsporen von vornherein unbeweglich. Sie sind hier schon richtige unbewegliche Eizellen, und die kleinen freibeweglichen Schwärmsporen sind richtige Samenzellen. So lassen sich schon innerhalb dieser einen Gruppe von Algen die Beziehungen der geschlechtlichen Fortpflanzung zur Kopulation in ziemlich lückenloser Weise aufzeigen.

Die Kopulation hatten wir kennen gelernt als einen Vorgang, der die Depression und den Tod des Pantoffeltierchens behebt. Als ein solcher Vorgang war uns schließlich auch die Befruchtung der Eizelle durch die Samenzelle erschienen: die Eizelle, als Zelle im Zellenstaat dem unerbittlichen Tode geweiht, wird durch die Samenzelle zu jugendfrischem Leben erweckt.

12. Die Unvollkommenheit des Stoffwechsels.

Der Mechanismus des natürlichen Todes ist uns klar geworden: eine allmählich zunehmende Atrophie der Zellen im Zellenstaat, bedingt durch eine Anhäufung von Stoffwechselprodukten, die nicht rasch genug aus den Zellen herausgeschafft werden und die den Stoffwechsel der Zellen stören, bis schließlich bestimmte Zellen im Zellenstaat, an deren Mittun der normale Ablauf des Lebens aller Zellen im Zellverband gebunden ist, im Dienst versagen. Und es beginnt ein großes und schnelles Sterben der Zellen des Zellverbandes.

Das die Antwort auf die große Frage: warum wir sterben …

Es ist eine große Unvollkommenheit darin gegeben, daß die Zellen, die im Zellverband zusammenleben, nicht sorgfältig genug ihre Stoffwechselprodukte nach außen abgeben können. Und wegen dieser Unvollkommenheit ihres Stoffwechsels müssen die vielzelligen Tiere sterben. Das Zusammenleben der Zellen im tierischen Zellenstaat hätte vollkommener eingerichtet sein können, und die vielzelligen Tiere brauchten dann vielleicht nicht zu sterben. Behauptet man doch von manchen Baumpflanzen, sie seien unsterblich. Jedenfalls kennt man Bäume, die viele Jahrtausende alt geworden sind. Vielleicht hätte eine bessere Ausgestaltung des Blutkreislaufes und der Atmung, die ein sorgfältigeres Herausschaffen der Schlacken aus den Zellen des Zellverbandes ermöglichte, uns unsterblich gemacht. Was wir über die Unsterblichkeit des Pantoffeltierchens erfahren haben, legt uns diesen Satz in den Mund.

Und da höre ich schon ein wehmütig Klagen: warum wir nicht die Unsterblichkeit haben, die einem winzigen Pantoffeltierchen gegeben ist! Man fühlt sich benachteiligt gegenüber einem Pantoffeltierchen.

Nun ist ja alles Wehklagen gegenüber dem natürlichen Geschehen ein Unding. Nur weil wir in Verblendung uns mit all unsern kleinen Wünschen und kleinen Schmerzen in den Mittelpunkt der großen unendlichen Welt gesetzt haben, glauben wir berechtigt zu sein, über das natürliche Geschehen zu klagen, es gewissermaßen zur Verantwortung zu ziehen vor Zwecken, die wir selber setzen. Aber auch wenn wir uns auf den Standpunkt stellen wollten – die Geschmäcke sind ja sehr verschieden –, daß es uns Menschen zusteht, unser Gutachten über die Einrichtungen der Natur abzugeben, auch dann hätten wir keinen Anlaß darüber zu klagen, wir wären gegenüber den Einzelligen im Nachteil, indem wir aus Unvollkommenheit unseres Stoffwechsels alt werden und sterben müssen. Halten wir uns vor, was die Unsterblichkeit der

Einzelligen für das Einzelwesen, für jedes einzelne Pantoffeltierchen bedeutet. Die Mutterzelle teilt sich in zwei Tochterzellen. Die Mutterzelle geht in den zwei Tochterzellen ganz auf, das individuelle Dasein der Mutterzelle hört auf. Aber es hört auf ohne Leichenbildung – in diesem Sinne nur sind die Einzelligen unsterblich. Und die sterblichen, vielzelligen Tiere, wie ist es um sie bestellt, wenn die Eltern Nachkommen das Leben schenken? Der mütterliche und der väterliche Zellenstaat geben bei der Fortpflanzung nur einen kleinen Bruchteil von ihrem Körper her. Sie gehen nicht ganz in ihren Nachkommen auf und sie überleben als Individuen die Geburt ihrer Nachkommen. Also sind die vielzelligen Organismen gegenüber den Einzelligen nicht im Nachteil, sondern im Vorteil: die vielzelligen Organismen haben vor den Einzelligen das voraus, daß bei ihnen die Geburt der Nachkommen nicht das Aufhören der individuellen Existenz des elterlichen Organismus bedeutet. Gewiß, es ist eine Unvollkommenheit darin gegeben, daß dieses Überleben ein endliches ist, daß die Eltern nicht unendlich lange leben. Aber es ist anderseits doch ein großes Geschenk der Natur, daß der elterliche Organismus befähigt wird, die Geburt der Nachkommen zu überleben …

Die Erkenntnis, daß wir den unsterblichen Einzelligen doch in einem voraus sind, in der Möglichkeit, die Geburt der Nachkommen zu überleben und damit die junge Brut zu pflegen, muß es uns leichter machen, die Unvollkommenheit unseres Stoffwechsels zu tragen, die uns den Tod bringt.

Aber doch: bedauerlich ist's, daß man nicht unendlich lange leben kann. Wer von uns hätte nicht manchmal den Einfall gehabt, es wäre doch halt so schön, viel hundert Jahre zu leben – aus Neugierde bloß, was da auf Erden noch alles kommen werde und wie Menschen und Dinge mit allem drum und dran so nach fünfhundert Jahren ausschauen dürften. Was nicht alles in diesen langen Jahren noch kommen mag: es gibt vielleicht keinen Türkenkönig mehr, ein Pipin regiert vielleicht wieder über die Franken, und man schießt nicht mehr mit Schießpulver, sondern pustet auf den Feind einfach giftige Gase aus, die ein Chemiker – was kann nicht alles ein Chemiker! – erfunden hat. Wär's da nicht eine Lust, noch einige hundert Jahre zu leben?

Nun haben die Menschen in der Wissenschaft schon so viel erreicht, daß mancher wohl auf den Gedanken kommen möchte, man müßte doch schließlich ein Mittel finden, das wieder gut zu machen, was Mutter Natur an uns so schlecht, so unvollkommen eingerichtet. Man müßte doch ein Lebenselixier finden können, das auf die Zellen unseres Körpers so wirkte, daß sie wieder jugendfrisch und verjüngt dastånden. Im Grunde genommen ist ein solcher Anspruch an die Wissenschaft wohl berechtigt – wenn es auch schon sehr schwer fallen dürfte, dieses Mittel zu finden. Metschnikoffs saure Milch – und auch die nach bulgarischer Art – ist es jedenfalls nicht. Die saure Milch soll ja auch nach Metschnikoff nur das wieder gut machen, was die Darmbakterien in unserem Körper verderben. Die Unvollkommenheit des Stoffwechsels, die auf dem schlecht eingerichteten Zusammenleben der Zellen im Zellenstaat beruht, bleibt dabei bestehen und wir müssen doch sterben.

Einstweilen also haben wir das Lebenselixier noch nicht und wir sind in böser Klemme. Den letzten Türkenkönig erleben wir nicht.

In der Not ist guter Rat teuer. Und den will ich geben – sogar umsonst.

Die wenigsten Menschen sterben heute aus Altersschwäche, weil tausend Schädlichkeiten auf den Menschen einwirken. Die Menschen gehen heute zu früh ins Grab, weil sie in schlechten Wohnungen hausen, schlecht essen und abgehärmte Arbeitssklaven sind. Das sind schon Dinge von viel greifbarerer Natur als die Darmbakterien und die Unvollkommenheiten des Stoffwechsel. Da gehet hin und greifet zu. Das ist mein guter Rat – kurz gesagt, aber lang getan.

Folgte man aber diesem guten Rat: man lebte dahin seine siebenzig, achtzig und hundert Jahr, heitern Gemütes, auf ein arbeitsfrohes Leben zurückschauend, an den Jungen sich erfreuend, die man ins heitere Leben geführt, und die Zeit wäre dann da, wo die Menschen wohl erlernten, die schönsten Feste zu weihen, wo ihnen wäre der Tod ein Fest.

Fußnoten

[1] Bazillen und Bakterien gebrauchen wir in unserer Darstellung in ein und derselben Bedeutung.

[2] Vgl. Kapitel 4.

[3] Vgl. S. 26.

[4] Vgl. Seite 53.

[5] Eine „physiologische Kochsalzlösung“ nennt man eine Lösung, die 7 Gramm Kochsalz auf einen Liter destillierten Wassers enthält. In einer solchen Salzlösung erhalten sich lebendige Zellen einige Zeit recht frisch, die Salzlösung ersetzt bis zu einem gewissen Grade (siehe im Text) das Blut.